互联网BGP
路由系统安全监测技术

U0253487

刘　欣◎著

电子科技大学出版社
University of Electronic Science and Technology of China Press

·成都·

图书在版编目（CIP）数据

互联网 BGP 路由系统安全监测技术 / 刘欣著.

成都：成都电子科大出版社, 2025. 1. -- ISBN 978-7

-5770-1286-5

Ⅰ. TN915.05

中国国家版本馆 CIP 数据核字第 20246U0U78 号

互联网 BGP 路由系统安全监测技术
HULIANWANG BGP LUYOU XITONG ANQUAN JIANCE JISHU
刘　欣　著

策划编辑　李述娜
责任编辑　雷晓丽
责任校对　李述娜
责任印制　段晓静

出版发行　电子科技大学出版社
　　　　　成都市一环路东一段 159 号电子信息产业大厦九楼　邮编　610051
主　　页　www.uestcp.com.cn
服务电话　028-83203399
邮购电话　028-83201495

印　　刷　成都久之印刷有限公司
成品尺寸　170 mm×240 mm
印　　张　12.5
字　　数　133 千字
版　　次　2025 年 1 月第 1 版
印　　次　2025 年 1 月第 1 次印刷
书　　号　ISBN 978-7-5770-1286-5
定　　价　75.00 元

目　　录

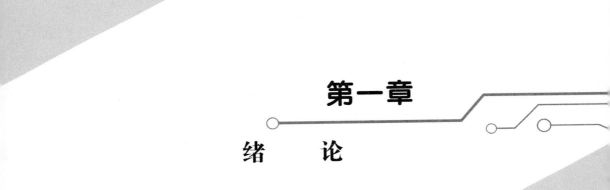

第一章

绪　论

随着 Internet 的不断发展及应用的深入，它的基础设施——域间路由系统面临着多种危机，如路由震荡、收敛延迟、BGP 协议实现缺陷及缺乏安全机制等。为确保 Internet 的安全及健康发展，本书将探讨域间路由监测及异常路由检测技术。

§1.1　引　　言

Internet 的域间路由系统所处的环境和 20 世纪 90 年代初已大不一样。1994 年 6 月，大约还只有 400 个活跃的自治系统，而每个 BGP 路由表只有 20 000 条左右的前缀。最大的自治系统只有 30 个邻居，一个公共网络访问点（NAP）平均每个月大概收到 1 GB 的 BGP 报文。然而，到了 2002 年年底自治系统数就超过了 17 000 个，每个 BGP 路由表的大小翻了六倍（采取了 CIDR 措施进行路由表的聚合），连接数最大的自治系统（AS701）有 3000 多个邻居。如今，边界路由器之间交换的 BGP 报文数据量巨大。

作为 Internet 的关键基础设施，BGP 占据着举足轻重的地位。BGP 提供了全球 Internet 路由机制，因此任何影响 BGP 的错误配置、硬件问题、路由软件缺陷，以及安全问题和网络遭受攻击等因素，都能对整个 Internet 的性能带来巨大的影响。由 BGP

路由而引起的全球 Internet 不稳定事件经常发生，轻则降低服务质量，重则影响网络连通性。许多研究机构表明，如今的 Internet 路由存在许多问题，如路由模式处在不断的变动之中，每次路由改变都造成网络不可达并丢弃数据包，这导致在高速光纤网上会丢失大量的数据等。

BGP 协议允许各个自治系统的管理人员对本自治系统内的路由选择和路由信息的传播施加本地的路由策略，同时各自治系统相互独立，无须向外暴露其内部情况。然而，正是这种独立性和自主性，使得整个 Internet 的路由系统不是一个完全自动的系统，没有一个全局的协调机制。全世界每天都有成千上万的网络维护人员和工程师检测、维护着它。虽然路由器提供商不断地提高路由器的路由表查找速度、容量，以及包交换速度来适应 Internet 的发展，但它们在路由管理工具方面所做的努力却很少。为了观测 BGP 的路由情况、寻求解决 BGP 路由问题的途径，使得整个 Internet 健康发展，迫切需要有效的 BGP 监测及异常检测工具。

§1.2 Internet 域间路由安全概述

目前，基于边界网关协议 BGP[2]（border gateway protocol）的 Internet 域间路由系统面临多种安全威胁[7]，具体如下。

互联网 BGP
路由系统安全监测技术

第一，自治系统路由策略的私有性与其对整个域间路由系统影响的全局性之间存在矛盾，一个局部的路由策略问题就可能对全球 Internet 带来很大影响。

第二，配置 BGP 路由器以实现各种策略比较复杂，很难保证 ISP 不会错误配置路由策略及各 ISP 之间的路由策略不产生冲突。

第三，由于 Internet 处于不断变动之中，一个被认为安全的配置可能会变得并不可靠，特别地，ISP 的 BGP 路由器可能被入侵，以致路由策略被恶意改变。

第四，BGP 路由协议本身缺乏有效的安全机制，如没有对 BGP 属性进行认证，也不能保证 AS_PATH 在路由传播过程中不被篡改；而且，现已出现许多针对 BGP 协议的攻击技术，如直接对 BGP 协议 179 端口进行 Dos/DDoss 攻击，以及利用 BGP 抖动抑制算法的攻击技术等。

第五，路由器设计的影响，在实际路由器设计中控制平面与数据平面并没有完全独立，这使得异常的数据平面严重影响控制平面中 BGP 协议的行为，Nimda 病毒的传播严重影响全球域间路由系统就是一个很好的例子。

域间路由的安全问题影响到整个 Internet 基础设施的稳定运行和健康发展，受到运营商、设备制造商和学术界的高度重视，现已成为 Internet 领域中的一个热点课题。为构造一个可靠、稳定、安全的域间路由系统，业界目前开展的工作主要在域间路由系统的三个工作平面（管理平面、控制平面与转发平面，如图 1-1 所示），开展以下四个方面的工作。

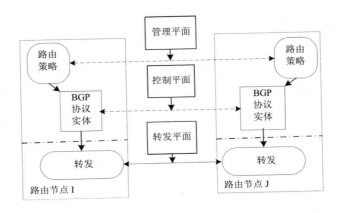

图 1-1　域间路由系统的三个工作平面

（1）路由系统的安全配置管理，包括配置模板和最佳当前实践（best current practice，BCP）的制定，配置的完整性、一致性检查、安全性确认及配置的辅助生成等。

（2）域间路由协议——边界网关协议 BGP 的增强和安全机制的设计，如 S-BGP、soBGP、MOAS 及 BTSH 扩展等。

（3）域间路由协议和路由系统的健壮性和安全能力测试，以发现协议实现和路由配置中的脆弱点。

（4）对 Internet 的域间路由系统进行监测和安全性检测，如 Renesys 公司提供的 GRADUS 服务等。

1.2.1 典型安全事件

AS7007 事件[3]：1997 年 4 月，美国佛罗里达州的一个小型 ISP（AS 号 7007）配置 BGP 时，允许从服务供应商 Sprint 学来的 BGP 路由作为自己的路由发布回 Sprint。Sprint 的 BGP 路由器也没有正确过滤，而是将 AS7007 作为每个路由块的正确来源重新发布到 Internet 上。由于路由表信息忽然增加一倍，并快速在 Internet 传播导致很多路由器崩溃。这次事故说明，一个简单的配置错误就可能对 Internet 的稳定性造成巨大影响。

病毒传播的影响[4][5]：2001 年 7 月份的 Code Red Ⅱ病毒传播和同年 9 月份的 Nimda 病毒传播，带来了全球范围路由的不稳定。2003 年 1 月 25 日的 Sapphire 病毒（Microsoft SQL 服务器引发）使众多域间路由器的 BGP 更新报文比往常增加了 30～60 倍。尽管病毒传播并没有直接感染 BGP 路由器，路由器故障主要是由于处理器、存储器过载以及协议实现的缺陷。但是在病毒感染过程中，网络应用流量太大、ARP 风暴、坏报文、路由器管理工作站的感染及 IGP 路由的不稳定等，使 BGP 和整个 Internet 的路由受到严重影响。这说明管理平面、数据平面的安全对控制平面有着巨大的影响。

直接攻击域间路由：针对 BGP 的攻击工具已经被开发出来并在黑客会议上演示[6]；而且，对 ISP 的攻击也确实发生过，这些攻击说明从"被侵害"的节点发起针对 BGP 的攻击并非不可能。其中，最有名的是 Paul Vixie 的 MAPS RBL 通过多跳步的 eBGP 向用户发布无效网络前缀，用伪造的下一跳路由器将发来的数据全部丢弃。

1.2.2　攻击与保护机制

1. 攻击分析

通过分析 BGP 和 Internet 范围内的路由安全事件，可以发现安全威胁既可来自网络内部也可来自网络外部[7]；其中，有的威胁利用路由协议在实现上的脆弱性进行攻击，有的威胁则利用路由协议设计的缺陷进行攻击。

从攻击发生的途径来看，对域间路由的攻击可以从以下三个方面入手。

（1）基于链路的攻击，包括从物理链路上窃听 BGP 会话的内容，或是修改路由信息。

（2）从被入侵的路由器攻击域间路由系统，这种针对路由器

的攻击可以借被侵害的路由器来攻击整个路由系统。

（3）从被入侵的管理工作站非法控制域间路由设备。

从攻击发生的时机来看，对域间路由的攻击可能发生在路由过程的各个阶段，例如，在邻居关系建立阶段和交换更新路由信息阶段。

对 BGP 邻居关系的破坏，主要是欺骗邻居关系或通过 TCP RST 进行 DoS 攻击。要注意的是，一般的域间 BGP 通过专用线路连接，窃听比较困难；但是如果 BGP 邻居间建立的是多跳步的 eBGP 连接，则存在较多安全隐患。

在路由更新阶段的攻击，主要是通过 BGP 向 Internet 域间路由系统注入不良路由信息，包括保留路由、未分配的路由、未授权路由、未聚合路由等；利用路由抖动抑制算法使关键路由不可达也是一种潜在的路由信息攻击方法。

2. 现有的安全设施

现有的 BGP 保护机制主要是通过改进协议实现或协议扩展这两个途径，以保护 BGP 连接关系和更新的路由信息[8]。

在保护连接关系方面：有基于 TCP 的 MD5 认证机制[9]、基于 IPsec 的保护机制及采用 BTSH 机制[10]。

（1）基于 TCP 的 MD5 认证机制在保护连接信息方面具有较高的安全性。

（2）基于 IPsec 的保护机制对域间路由信息的传输提供了一定的安全保护。作为保护域间路由信息安全性的一个手段，其对防止窃听特别有效。

（3）BTSH 机制对防范基于处理器负载的攻击特别有效，该机制还通过限制报文的 TTL 来保护 BGP 邻居免于"多跳步"攻击。

在保护路由信息方面：有 soBGP 扩展[11]、S-BGP 协议扩展[12]及路由过滤等机制。

（1）soBGP 是 Cisco 公司提出的 BGP 扩展，它通过对路由前缀来源（origin）的合法性进行验证，确保播发的前缀来自授权的自治系统。

（2）BBN 公司建议 S-BGP 协议扩展，通过路由更新报文携带的地址证书（AA）验证路由的所有者（最初发起者），通过路由证书（RA）验证使用该路由的邻居自治系统是否授权，从而对 BGP 路由前缀和路径信息进行全面的保护。

（3）路由过滤是对自治系统进行过滤的 filter-list 和对路由前缀进行过滤的 distribute-list，以及路由聚合功能。

1.2.3 面临的挑战

1. 现有机制的局限

BGP 协议：BGP 路由协议对安全性的考虑很少，它无法对

其传递的路由信息提供保护。运行 BGP 协议的边界路由器不得不相信它所接收到的所有的路由更新报文，这显然存在着严重的安全漏洞[7]。开发商或 ISP 基本上都尚无完整的 BGP 安全问题解决方案，解决方案需要开发商、ISP 和用户密切合作，而且需要多年部署。

BGP4+（RFC2858）作为下一代 Internet 重要的域间路由协议，与基于 IPv4 的 BGP-4 相比主要对 3 个字段（NEXT_HOP、AGGREGATOR、NLRI）的格式进行修改，使其可以携带 IPv6 地址格式的网络信息。但是没有涉及新的协议机制和新的路由属性，所以可以说 BGP 自身的安全能力没有得到提高，原有的安全性问题没有发生实质变化。

S-BGP 协议：S-BGP 是比较完整的解决方案，但是 S-BGP 的部署存在较大障碍。从技术上看，各种证书和密钥的存储开销和证书验证的处理开销使得路由器难以承受，创建的各种库可能会带来新的 DoS 攻击危险。从经济上看，该解决方案不能递增式地部署，BGP 路由器的替换或升级开销大而且认证收费也需要开支，更不容忽视的是，网络设备开发商实现 S-BGP 的软硬件成本很大。从操作上看，S-BGP 的实施需要对管理员进行更多的培训，网络管理员对该方法的有效性还存有疑虑，运行人员对要求向外发布自己的策略信息更是难以理解[12]。

soBGP 协议：soBGP 的问题是，不保护自治系统之间的 BGP 连接关系，没有对 BGP 属性进行认证，不能保证 AS_PATH 在路由传播过程中不被篡改[13]。

IPsec 协议：IPv6 作为下一代 Internet 的核心协议，内嵌 IPsec 功能，对域间路由信息的传输提供了一定的安全保护。但是，IPsec 只是域间路由信息安全性的一个手段，无法有效防止针对协议本身的攻击。如 IPSec 只能防止窃听，如果 BGP 路由播发者被入侵，则无法保证其他 BGP 不受攻击。而且，IPv6 的可靠性是否如最初所设想的那样，也有待时间考验。建立下一代 Internet 的安全体系需要一个长期过程，域间路由安全方案不但与下一代 Internet 安全基础设施密切相关，其自身也将成为下一代 Internet 安全体系的重要组成部分。

2. 域间路由安全的难点

确保域间路由系统的安全面临相当大的困难，这主要是由以下几个原因造成的。

第一，BGP 路由行为的复杂性。BGP 协议的复杂性主要体现在路由策略的多样性和策略语义的不精确性。例如，最佳路由选择要受 ISP 间的商业约定和 ISP 内部的流量工程决策等诸多因素的影响；一个自治系统对不同邻居会报告不同的路由，域间路由存在严重的非对称性；专用对等连接等一些自治系统之间

的连接不被 Internet 普遍可见；多宿主（multi-homing）互联和备份路径的广泛采用等。所有这些都增加了域间路由安全攻击的隐蔽性和安全问题的复杂性。

第二，ISP 之间的合作、跨 ISP 域间路由行为控制的困难。Internet 商业化使 ISP 之间存在利益竞争，并且各自的路由策略存在很大差异。ISP 之间域间路由策略的不透明性，以及 BGP 路由实现的差异性，使得对域间路由安全问题处理经验缺乏共享，增加了制定域间路由系统安全方案的难度。

第三，域间路由缺乏有效的安全机制。域间路由的安全需要一种在安全机制的有效性、实现的高效性和部署的简单性三个方面都令人满意的手段。尽管域间路由现有多种安全手段，但是远远没有得到有效的应用。有的方法实现的存储和计算开销让现有路由设备无法承受，有的方法使 ISP 的域间路由管理员难以理解、无法正确使用、部署非常复杂。如何兼顾方法的有效性与可行性是迫切要解决的难题。

第四，错误配置与安全攻击的鉴别非常困难。目前的 BGP 路由器配置基本上还处于原始的手工配置阶段。这使得一方面，手工配置很容易出现错误配置；另一方面，安全攻击可以采用与错误配置相同的技术手段，且出现问题后难以对错误配置和安全攻击进行区分。

1.2.4 研究方向

在此，我们从对 Internet 域间路由安全问题研究的基本经验出发，在多个方面给出对该问题的思考。

1. 基本经验

需要寻求一个最佳平衡点：必须在协议机制的有效性和实现效率及应用成本之间寻求一个最佳平衡点。例如，S-BGP 是比较完整的解决方案，但是 S-BGP 的部署存在较大障碍。

需要能便捷实施的安全技术：安全技术的实施非常关键，必须有利于网络管理员的正确理解和方便应用。例如，许多 ISP 采用本地策略防范配置错误和多种攻击，但是创建和维护这些过滤器困难、耗时、易出错。自治系统之间的密钥交换的不便利也是制约域间路由管理员采用 MD5 认证的重要因素。

需要系统的解决方法：例如，IPSec 只能防止窃听，如果 BGP 路由播发者被入侵，无法保证其他 BGP 不受攻击。soBGP 不保护 AS 之间的 BGP 连接关系，没有对 BGP 属性进行认证，不能保证 AS_PATH 在路由传播过程中不被篡改。

2. 面向下一代网络特性考察域间路由安全

现有工作多基于传统的 Internet 体系结构和安全框架，只是

针对 BGP-4 域间路由安全问题进行研究。例如，IETF 路由协议安全需求工作组（RPsec），提交的路由系统威胁模型和安全需求相关草案。可以预见，在以 IPv6 为核心协议的下一代 Internet 环境下，域间路由的威胁模型会有新的变化[14]，而我们需要对面向下一代网络体系结构，与下一代网络安全体系架构密切结合，综合考察 IPv6 内嵌安全机制对域间路由安全技术的影响，考察下一代网络将在骨干网络广泛部署的"基于网络处理器的分布式硬件转发"的第五代路由器对域间路由系统实现及其安全性所带来的影响，以及系统考察向 IPv6 过渡阶段域间路由的安全问题。

3. 新一代路由器对域间路由安全的支持

从域间路由的安全支持能力角度系统考察高性能路由器控制平面与数据平面的交互行为，并基于以下目标提出"基于网络处理器的分布式硬件转发"的新一代路由器的域间路由系统结构模型：一方面，避免数据平面的异常行为（例如，病毒传播过程中的数据流量行为）影响控制平面 BGP 协议的行为；另一方面，避免路由协议行为的安全问题（例如，控制平面遭到破坏而崩溃）引起数据平面正常转发的中断。

4．完整的安全模型和系统的解决方案

目前，依然有多种域间路由安全机制没有很好地关联或融合。例如，IETF 的域间路由工作组提出未来域间路由协议草案，仅仅只提出域间路由防范 DoS 攻击的要求。我们不但需要对 BGP 协议的各种安全机制统一考察，建立域间路由的安全能力模型，还需要从协议的设计、实现、运行和管理等方面综合考察域间路由的安全保护技术，提供系统的域间路由安全问题解决方案。同时涵盖 IPv6 过渡阶段域间路由的安全问题等，并包括域间流量工程、域间组播等域间路由增强功能的安全问题，以及域内路由协议的稳定性对域间路由的影响等[15]。

5．新型安全机制的突破

数据平面与控制平面的关联方面。一方面，域间路由的数据平面与控制平面在"基于网络处理器的分布式硬件转发"的第五代路由器中实现了一定程度的分离，但是，它对各种业务灵活性的支持是通过软件（微码）控制处理来实现的，为路由器本身带来新的安全隐患。有必要认真研究核心路由器中两个平面的可靠性的关系。另一方面，Internet 路由有一个基本的假设：向外部网络播发路由，意味着任何人都可以使用这条路由向本网络发送数据。IETF 在"未来域间路由需求"草案中指出，尽

管会有报文过滤机制或其他限制手段，针对域间路由系统的 DoS 仍然有可能发生。因而，为防止路由器或网络链路资源的非授权使用，应该允许流量与整条路由或路由的子集进行特殊关联。可从整个 Internet 的数据平面与控制平面的关联角度探求域间路由的安全解决方案[5]。

有效性与高效性的结合方面。现有域间路由安全机制，有的实现起来所需存储和计算开销使得现有路由设备无法承受，有的方法部署起来非常复杂，使得 ISP 域间路由管理员难以理解、无法正确使用。

传递属性的安全控制方面：如团体等 BGP 路由属性具有传递性[16]，可以传递给其他 ISP，从而可能快速导致安全问题的扩散，引发连带故障（cascade failure）。因而，需要在传递属性的安全控制方面进行研究。

§1.3　Internet 的体系结构

1.3.1　Internet 互联结构

Internet 始于美国国防部高级研究计划署（ARPA，现为 DARPA）于 20 世纪 60 年代末的一个项目。DARPA 进行计算机联网试验，同时给许多大学和私人公司提供赞助以让它们加入研究行列，它们于 1969 年 12 月建成一个试验性的网络，该网络是一个通过 56 Kbps 链路连接了四个节点的网络。

该技术被证明非常成功，并直接导致了两个类似军用网络的建立——美国的 MILNET 和欧洲的 MINET。随后，数千主机和用户把它们的私有网络（各个大学和政府部门的）连接到 ARPANET，这样就形成了最初的"ARPA Internet"。

研究部门、学术机构及政府部门的网络聚集成 ARPANET 网络的核心，初步形成了人们所称的 Internet。然而，ARPANET 有一个许可使用策略（acceptable usage protocol，AUP），禁止把 Internet 用于商业目的。尽管如此，ARPANET 还是出现可扩展问题，最明显的就是链路拥塞非常严重。美国国家科学基金会（NSF）因此开始开发 NSFNET。

到 1985 年，ARPANET 拥塞非常严重。作为对策，NSF 开始了 NSFNET 第一阶段的开发。NSFNET 由多个区域网和对等网（如 NASA 科学网）组成，它们连接到整个 NSFNET 核心的总骨干网上。早期的 NSFNET 是一个成功的网络模式，它将网络分成了主干网、地区网和校园局域网三个层次。NSFNET 的主干网是由全美 13 个节点为主干节点构成，包括 Merit、BARRNET、MidNet、Westnet、NorthWestNet、SESQUINET、SURAnet、NCAR

（国家大气研究中心），以及五个 NSF 的超级计算机中心，再由各主干节点向下连接地区性网络，再到各大学校园网络的局域网络。最初，主干网使用 T1（1.544 Mbps）链路，各地区网络是以 64 Kpbs 专线为主，而且采用 TCP/IP 为其通信传输标准，这种骨干网，地区性网络，校园网络的层次结构，是美国最著名的 US Internet 结构，其主干线包括大容量电话线，微波、激光、光纤和卫星等多种通信手段。以此网络为基础，和全世界各地区性网络相连，便构成了一个世界性 Internet 网络。它具有开放存取、网络通信协议一致和相互交换信息的公用程序等特点，不仅可以提供丰富的资源，实现网络资源共享特点。同时，可以分布式控制的特点。

1990 年，Merit、IBM 和 MCI 共同创建了一个名为高级网络服务（ANS）的组织。Merit 的 Internet 工程组为 NSFNET 提供一个策略路由数据库、路由咨询及管理服务，而 ANS 则管理骨干路由器和一个网络运营中心（NOC）。至 1991 年，由于数据流量大量增加迫使 NSFNET 骨干网服务升级到 T3（45 Mbps）链路。

直到 20 世纪 90 年代早期，NSFNET 还仅供研究和教育使用，政府部门的骨干网被保留下来用于面向具体的任务。这些网络及其他刚诞生的网络都感受到了新的压力——这就是它们需要彼此互联。在商业和其他方面都有网络访问需求，而 ISP 的出现则满足了这种需要，随之产生了一种全新的产业。与此同时，在美国之外网络也发展起来，伴随着国际连接需求的激增。随着各种各样新的和现有实体追逐他们的目标，连接和基础设施的复杂性不断增加。那时，美国政府部门的网络已经在东、西海岸的联邦 Internet 交换点（FIX）互联。商业网络组织也已成立了商业 Internet 交换点（CIX）联盟，并在西海岸建立了一个交换点。与此同时，各 ISP 在全世界（特别是在欧洲和亚洲）建立了大量的基础设施和连接。

为了简化不断增加的复杂性，Sprint 被任命为 NSFNET 的国际连接管理者（ICM），负责提供美国与欧洲、亚洲网络的连接。为了保证与区域网络相连的机构和政府部门的不间断连通性，NSFNET 不得不在 1995 年被停用。如今，Internet 的基础设施从一个核心网络（NSFNET）转变为一个由商业提供者，如 UUNET、Qwest、Sprint 及其他数千提供者管理的更加分布的结构。Internet 的骨干网是服务提供商的集合，它们在多个区域都有连接点（称为 PoP，points of presence）。PoP 的集合及 PoP 间互联的基础设施形成了提供者的网络，客户通过 PoP 连接到提供者，提供者的客户也可以是提供者自己。术语 ISP（Internet 服务提供商）通常被用于指能提供 Internet 连通服务的任何人，不管是直接为最终用户，还是为其他服务提供商；术语 NSP（网络服务提供商）则常用于指骨干网络提供商。然而，现在常不加限制地使用该术语，称连接到 NAP 并维护一个骨干网络的服务提供商为 NSP。

自从 1995 年商业化以来，Internet 在很大程度上是由许多服务提供商管理和运营。商业化早期，各个服务商网络之间主要通过公共访问点（network access points，NAP）相互联接，如 MAE-East。而公共访问点一般由共享介质组成，比如一个 FDDI 环或一个 ATM 交换中心等，其连接来自不同服务商网络的路由器。随着 Internet 商业化的深入，各 Internet 服务提供商的网络无论是在大小、覆盖范围，还是所起作用等方面都发生了深刻而明显的变化。网络经过这些年的发展，仍然遵循 NSFNET 结构框架，在运行和管理形式上仍然存在着一定的层次。根据 ISP 的规模，网络大致可以分成 Tier 1 NSP——国家级网络提供商（national service provider），构成骨干网络，提供高速数据传输和交换，并为 Tier 2 ISP 的区域骨干网提供接入服务，而 Tier 3 ISP 则是更小规模的网络提供商。当然，实际的网络拓扑要复杂得多，如图 1-2 所示为 Internet 结构示意图。

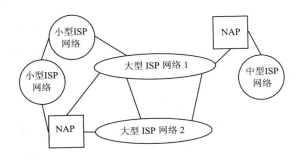

图 1-2 Internet 结构示意图

1.3.2 Internet 路由结构

1. Internet 的路由层次

当网络飞速增长，如何互联并管理网络就成为一个很重要的问题。人们管理 Internet 的方式是：把它划分为管理域的集合，这些管理域可以是 Internet 服务提供商（ISP）、公司、大学等机构，它们各自管理各自拥有的网络。而在技术上，管理域的概念通过 Internet 自治系统来体现。在 RFC1771 中，定义的自治系统（autonomous system，AS）是指使用同一路由策略的一组路由器的集合，它处于单个的技术管理下，使用一套内部网关

协议（internal gateway protocol，IGP）来到达自治系统内部的数据包，使用一套外部网关协议（external gateway protocol，EGP）来到达其他自治系统的数据包。这个定义被看作是自治系统的经典定义。当然，一个 ISP 也可以把自身网络分成一个或多个自治系统，每个自治系统都采用一个自治系统号码来表示网络。

一个自治系统中的 IP 数据报可以分成本地流量和通过流量，在自治系统中，本地流量是起始或终止于该自治系统的流量，即信源 IP 的地址或信宿 IP 地址所指定的主机位于该自治系统中，其他的流量成为通过流量。在网络设计和管理中，一个目的就是尽量减少通过流量。根据流量可以将自治系统分为以下几种。

（1）末端自治系统（stub AS）。它与其他自治系统有一个连接，因而只有本地流量。

（2）多宿主自治系统（multihomed AS）。它与其他自治系统有多个连接，但拒绝传送通过流量。

（3）转发自治系统（transit AS）。它与其他自治系统有多个连接，在一些策略准则之下，它可以传送本地流量和通过流量，这些多是大的 ISP。

因此，也可以说 Internet 是由一些末端自治系统、多宿主自治系统和转发自治系统的任意互联而构成。从自治系统的观点来看，Internet 在两个层次上进行路由，自治系统内部和自治系统之间，如图 1-3 所示的 Internet 路由层次示意图。在一个自治系统内部使用内部路由协议，如 RIP-1、RIP-2、EIGRP、IS-IS 及 0SPF 等，其主要任务是发现和计算自治系统内部的路由；而自治系统之间则使用外部路由协议，如 EGP 和 BGP 等，是其为了根据路由策略选择最优路由并控制路由的传播。外部网关协议最初采用的是 EGP，EGP 是为一个简单的树形拓扑结构设计的。随着越来越多的用户和网络加入 Internet，EGP 的局限性越来越明显。为了摆脱 EGP 的局限性，IETF 边界网关协议工作组制定了标准的边界网关协议 BGP，它是目前唯一广泛使用的一个自治域间的路由协议。

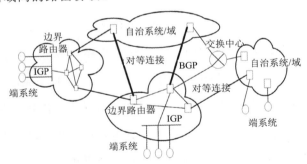

图 1-3　Internet 路由层次示意图

2. 边界网关协议 BGP

边界网关协议 BGP 是一种路径向量路由协议（path vector protocol），它是为 TCP/IP 网络设计的，是目前唯一的用于 Internet 自治系统之间的路由协议，其维护着大规模网络之间的相互联接，直接影响上层应用的性能。BGP 在运行 EGP（RFC904）经验的基础上开发出来。BGP 的版本 1 在 1989 年以 RFC1105 发表，然后在 1990 年、1991 年、1995 年分别在 RFC1163、RFC1267、RFC1771 上发表了版本 2、版本 3、版本 4，BGP-4 包含了前面所有版本的功能，同时支持无类别域间路由（classless inter-domain routing，CIDR）。

BGP 设计成依赖可靠传输协议的基础上，即 TCP 上，缺省的端口号是 179。这样做的好处是简化了 BGP 协议，BGP 的数据包的分段、重传、确认和排序等功能都由 TCP 来完成，也可以利用 TCP 的认证功能。但是这样做也有缺点：BGP 的错误通告机制，假定 TCP 支持正常关闭，也就是说，在 TCP 关闭之前所有的数据都已经传完。所以，发生在 TCP 的错误也就是 BGP 的错误。另外，存在于 TCP 中的安全弱点也对 BGP 构成了威胁。

关于 BGP 协议有许多重要内容，如 BGP 报文格式、有限状态自动机等，详见 RFC1771。这里主要介绍与本书有关的信息，如 BGP 路由表及相关的重要属性，如图 1-4 所示的 BGP 路由表例子。

```
route-views.oregon-ix.net>sh ip bgp
BGP table version is 11804068, local router ID is 198.32.162.100
Status codes: s suppressed, d damped, h history, * valid, > best, i - internal,
              S Stale
Origin codes: i - IGP, e - EGP, ? - incomplete

   Network          Next Hop          Metric LocPrf  Weight Path
*> 1.0.0.0          64.50.230.1                       0 4181 65333 i
*> 2.0.0.0          64.50.230.1                       0 4181 65333 i
*  3.0.0.0          209.10.12.28        3             0 4513 7018 7018 80 i
*                   204.42.253.253      0             0 267 2914 7018 80 i
                            ...
```

图 1-4　BGP 路由表例子

每个 BGP 路由器都会维护一张与上图结构类似的表，其中存储了到目的前缀的 BGP 路由。每条 BGP 路由含有许多关键信息，如目的前缀、下一跳 IP 地址，本地优先属性，MED 属性，以及 AS_Path 路径属性等。在图 1-4 中，状态码用来标记一条路由的状态："s"表示该路由目前是否被抑制；"*"表示该路由是不是有效；"h"表示该路由是否曾经被抑制；">"表示该路由是不是最优路由；"i"表示该路由是通过 EBGP 得到，还是通过 IBGP 得到。来源码在每条路由的最后标识，用来指出该路由的来源，"i"表示使用 network 命令安装的路由；"e"表示通过 EGP 协议获得的路由；"?"表示该路由通过其他方式获得，如路由重发布。下面介绍几个对 BGP 路由选择算法影响最大的 BGP 路由属性。

AS_PATH 属性：AS_PATH 是一种必需的属性。它是由到达一个目的网络前缀所经过的一系列的自治系统号码组成。产生路由的自治系统在把该路由发送到它的外部 BGP 邻居时，要加上自己的自治系统号。此后，每一个接受路由并传送给其他 BGP 邻居的自治系统都把自己的自治系统号加到列表前面。列表表示了一个路由经过的所有自治系统号码，产生该路由的自治系统号码排在列表的最后。这种自治系统路径列表成为一个自治系统序列，因为所有的自治系统号码都按顺序排列了出来。

BGP 用自治系统路径属性作为路由更新的要素之一，可保证无循环的拓扑。在 BGP 对等体之间传递的每个路由将承载一个该路由已经过的所有自治系统号码的列表。如果路由通告给产生它的自治系统，该自治系统将把自己看成是自治系统路径属性列表的一部分，从而不接受该路由。BGP 在通告路由更新给其他自治系统时，将把自己的自治系统号码列在前面。当路由传递到同一个自治系统内部的 IBGP 时，自治系统路径信息维持不变。关于这方面的问题还将在异常路由分析部分详细讨论。

下一跳属性：NEXT_HOP 路径属性定义了到达目标网络的下一跳路由器的 IP 地址。

本地优先属性：在 BGP 向内部边界路由器发送更新报文时，

将包含 LOCAL_PREF 属性。该属性给予一个路由的优先程度，使其与到达同一目的网络前缀的其他路由相比较，有较高的 LOCAL_PREF 将优先选择。一个自治系统可有多个 BGP 会话和其他自治系统连接，这样会从不同的自治系统得到关于同一目的前缀的不同路由信息。LOCAL_PREF 通常用于设置一个自治系统选择更偏好于其中的一条路由。网络管理者可以根据实际的需要来改变不同路径的 LOCAL_PREF 优先值，这种策略的使用对于网络有很大的影响。

MED 属性：当两个自治系统之间有多个链路的时候，BGP 在更新报文中使用四字节长的多出口鉴别属性（MULTI_EXIT_DISC，MED）指示当使用该路由的数据进入本自治系统时首选的链路。一般 MED 值小者被首选，缺省值为零。外部路由器记住所有进入该自治系统的入口，当首选链路不可用时，使用备选链路。MED 值在自治系统之间交换，但是进入一个自治系统的 MED 将不再传播。如果该自治系统将路由往前传播时不设定 MED，则该值重置为零。

3. Internet 拓扑建模

正如 Internet 在域间和域内两个层次路由一样，也可以以此对 Internet 在两个级别上建立模型来对其进行研究。

（1）路由器级别。这种模型是由路由器表示的节点和它们之间的物理连接表示的边组成的图。这种模型可以通过 traceroute 技术来构造[17][18][19]，但本书并不使用这种模型。如图 1-5 所示的路由器级别的拓扑图。

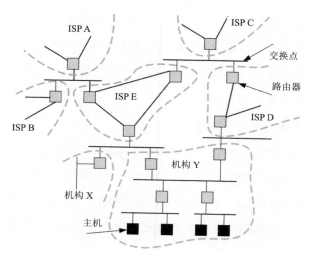

图 1-5　路由器级别的拓扑图

（2）自治系统级别。这种模型是由自治系统表示的节点和它们间的 BGP 连接表示的边组成的图。这种模型可以通过 BGP 路由表中的 AS_PATH 属性信息来构造。由于这种模型可以在适当的抽象层次上对 Internet 整体进行研究，而且构造的技术也并不复杂，因此，对于 Internet 拓扑的研究[20][28][29]都是在这个级别上进行的。本书的研究工作也是基于这种模型。如图 1-6 所示的在自治系统级别的拓扑图。

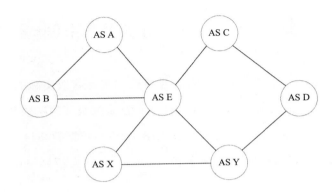

图 1-6　在自治系统级别的拓扑图

　　形式地，可在自治系统级别把 Internet 建模为图 G=[V（G），E（G）]，其中 V（G）为表示自治系统的节点集，E（G）为表示自治系统间 BGP 连接的边集。

　　这里需要明确两点：一是自治系统间的连接并不是指路由器间的实际连接，而是指自治系统间是否存在 BGP 会话，图中的一条边可能在实际中代表多条物理连接；二是这里的模型是无向图模型，当然还可以根据自治系统间的商业关系来对边进一步划分，以建立 Internet 在自治系统级别的有向图，这个模型将在第三章"ISP 商业互联关系模型的构造"中详细讨论。

§1.4 相关研究工作及数据来源

在本书的研究工作中，首先重要的一步是获取实际的 BGP
路由数据，并用其来构造 Internet 在自治系统级别的拓扑图。本
小节介绍了相关研究工作及可获取 BGP 路由数据的项目。

Route Views 项目[21]是美国 Oregon 大学高级网络中心的
David Meyer 主持的一个项目，其主要目标是：从多个不同自治
系统的角度来获取全球 Internet 的路由系统视图。图 1-7 展示了
Route Views 项目搜集全球 Internet 的 BGP 路由数据的方式。一
台 BGP 路由器（AS6448）使用多跳步的 EBGP 对等会话与多个
自治系统相连，它搜集邻居发给的所有路由信息，但不通告任
何信息给邻居，这样对全球域间系统没有任何影响。

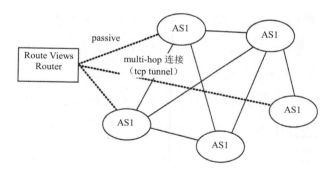

图 1-7　Route Views 项目搜集全球 Internet 的 BGP 路由数据的方式

当前许多对 Internet 域间路由的研究都使用了 Route Views 项目的数据，如美国国家网络研究实验室（national laboratory for applied network research，NLANR）使用 Route Views 数据来进行 AS_PATH 可视化及 IPv4 地址空间使用率的研究；Geoff Huston 使用 Route Views 数据来动态分析 BGP 路由表[37][50]；Internet 数据分析合作组织（cooperative association for internet data analysis，CAIDA）把 Route Views 数据和 NetGeo 数据库相结合，以进行与 Skitter 项目的目标[51]相类似的研究；SUBRAMANIAN L. 等人使用 Route Views 数据来构造 Internet 的层次模型[30]；GAO L.等人则使用数据来推断 Internet 中自治系统间的商业关系[32]；等等。

在本书的研究工作中也选用了 Route Views 项目的数据，具体地，实验中使用的数据来自 route-views.oregon-ix.net 路由器的 BGP 路由数据[22]。该路由器与 59 个自治系统建立了 74 个对等会话，捕获了当前 Internet 比较完整的域间路由视图。表 1-1 列出的与该 BGP 路由器建立 BGP 会话的 AS 列表，其中包含了目前 95%以上的大型 ISP（注：没有 AS1 和 AS701）。

表 1-1　与 route-views.oregon-ix.net 路由器建立 BGP 会话的 AS 列表

管理域名称	AS 号	管理域名称	AS 号
MFS/MAE-Lab	6066	XO	2828
M-Root	7500	Abilene	11537

（续表）

管理域名称	AS 号	管理域名称	AS 号
MSN	8075	Accretive	11608
NCSA	1224	AOL	1668
Net Access	8001	APAN/tppr-tokyo	7660
Nether.net	267	Army Research Laboratory	13
netINS	5056	ATT	7018
Netrail	4006	ATT/Canada	15290
Port80	16150	Blackrose.org	234
RCN	6079	Broadwing	6395
RIPE NCC	3333	C&W	3561
RUSnet	3277	CA*net3	6509
Sprint	1239	Carrier1	8918
Sprint/Canada	2493	COMindico	9942
STARTAP	10764	Digex	2548
TDS Telecom	4181	ELI	5650
telefonica	12956	Epoch	4565
Teleglobe	6453	ESnet	293
Telia	1299	France Telecom Backbone	5511
Telstra	1221	Global Crossing	3549
Telus	852	GLOBIX	4513
The University of Waikato	681	GT Group Telecom Service	6539
Tiscali	3257	Hurricane Electric	6939

（续表）

管理域名称	AS 号	管理域名称	AS 号
TouchAmerica	19092	IIJ	2497
UONet	3582	IP-PLUS	3303
UUNET	2905	Jippii	8782
Verio	2914	KPNE	286
WCICABLE	14608	Level3	3356
Williams	7911	LINX	5459
MFN	6461		

当然还有许多类似的项目提供公共可用的 Internet 域间路由视图。如 RIPE 的路由信息服务（routing information service）项目[23]；以及各种各样的窥镜服务器（looking glass servers）[49]，如 AT&T（AS7018）的基于 telnet 的窥镜服务器和 MAE-West（AS2547）的基于 Web 的窥镜服务器等。

值得一提的是，国内对域间路由及其安全性也比较重视。例如，清华大学研究了 BGP 协议的安全扩展，提出分布式密钥生成算法实现对等体之间的身份认证，通过加密机制和 BGP 路由更新序号来增强对路由信息的保护[25]。在下一代互联网的域间路由方面，CERNET 的 IPv6 工作组开展 CERNET BGP VIEW 项目[24]，从 AS4538 和 AS4789 获取国内和全球的 IPv6 BGP 路由信息，并提供实时查询界面和基本分析工具。

§1.5　本书的研究内容

在确保 Internet 安全、健康发展方面，域间路由监测具有可扩展性好、方便部署及无须对现有协议进行修改等特点，并能够将监测的结果用于路由配置的改进。本书从域间路由监测的角度，对域间路由系统监测和异常路由检测等问题及其中的关键技术进行了研究。本书的研究内容主要集中在以下几个方面。

（1）全面深入地阐述了 Internet 域间路由安全问题。围绕基于 BGP 的域间路由安全，考察已发生的域间路由安全事件。介绍当前域间路由保护机制，分析核心网络路由设施支持能力和潜在的域间路由安全威胁，最后着重指出域间路由安全的研究方向并提出一些新的见解。

（2）针对现有域间路由监测系统的不足，提出一种监测域间路由的系统模型。该模型基于 BGP 路由表监测或 BGP 更新报文监测两种技术之上，能利用 Internet 拓扑特性来检测异常路由，从而达到监测域间路由系统的目的。还对视图的完整性和监测网络的构造等模型相关问题进行了深入探讨。

（3）对 ISP 商业互联关系进行研究。提出一种推断 ISP 商业关系的算法，实现并应用在 ISP-HEALTH 系统中。

（4）对 Internet 层次关系模型进行研究。提出一种 Internet

层次关系模型及其构造算法，实现并应用在 ISP-HEALTH 系统中；同时，使用该算法对 Internet 层次特性进行了分析和讨论。

（5）给出域间路由监测系统的详细设计方案，并实现了一个 Internet 域间路由监测系统原型——ISP-HEALTH 系统。

（6）对一种 BGP 异常路由——环形路由进行研究。

§1.6　本书的组织架构

全书共分九章，各章的基本关系如图 1-8 所示。

第一章，绪论。主要对当前 Internet 域间路由安全的研究做了总体概述，介绍 Internet 结构的相关知识、相关研究工作、实验数据来源和本书工作的意义、目标。

第二章，域间路由监测系统模型。本章在当前工作不足的基础上，提出一种监测域间路由的系统模型，并着重探讨了该模型下的几个相关问题。

第三章，ISP 商业互联关系模型的构造。本章主要讨论了几种基本的 ISP 商业互联关系以及这个关系模型的构造问题，提出了一种 ISP 商业互联关系模型的构造算法。ISP 商业互联关系模型的构造算法是用于域间路由监测系统的关键技术之一。

第四章，Internet 层次关系模型的构造。本章主要讨论 Internet 的层次结构，提出了一种可扩展的 Internet 三级层次模型，并给

出该模型的构造算法。Internet 层次关系模型的构造算法是用于域间路由监测系统的另一关键技术。

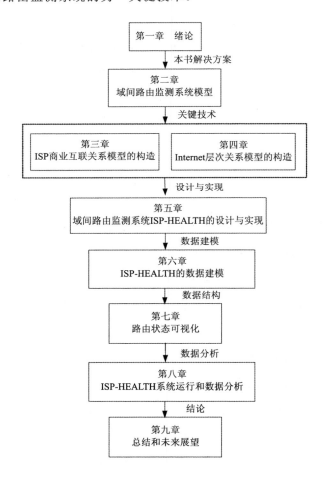

图 1-8　本书组织结构图

第五章，域间路由监测系统 ISP-HEALTH 的设计与实现。本章详细讨论了 ISP-HEALTH 的设计与实现方案，并完整介绍了基于多视图的域间异常路由检测技术。

第六章，ISP-HEALTH 的数据建模。本章全面介绍了 ISP-HEALTH 的数据建模，给出了 ISP-HEALTH 数据库的详细设计。

第七章，路由状态可视化。本章介绍的拓扑布局算法用于自动生成可视化骨干网络拓扑结构，构画 ISP 商业关系互联图、地理关系互联图、ISP 邻居关系图、特定网络和关键路由的路由状态图、路由属性变化图。

第八章，ISP-HEALTH 系统运行和数据分析。本章给出了系统运行的结果，并对部分数据和异常路由进行了详细的分析、讨论。

第九章，总结和展望。总结了本书的主要工作，并对今后域间路由系统监测及异常路由检测技术的深入研究进行了展望。

第二章

域间路由监测系统模型

§2.1　引　　言

由于 S-BGP 等 BGP 增强协议的部署存在重重障碍[7]，要基于现有的 Internet 网络设备实现域间路由系统的安全性，安全配置管理和安全监测是非常实际和真正能够发挥效用的技术途径。域间路由监测具有可扩展性好、方便部署及无须对现有协议修改等特点，并能够将监测的结果用于路由配置的改进。

对域间路由系统进行监测需要有效的检测方法才能达到好的监测效果，然而，现有技术方案的效果远远不能令人满意，一方面无法发现许多隐藏的路由异常和可能的路由攻击行为，另一方面报告的一些异常行为往往由于缺乏其他路由节点的确认或由于网络拓扑知识的匮乏而不够准确。

因此，为保证域间路由系统稳定、健康、高效地发展，迫切需要有效的域间路由系统异常行为检测方法。为了解决这一问题，本章提出一种监测域间路由的系统模型。该模型基于 BGP 路由表监测或 BGP 报文更新监测两种技术之上，能利用 Internet 拓扑特性来检测异常路由，从而达到监测域间路由系统的目的。最后，着重探讨了该模型下的几个相关问题。

§2.2　工作的不足

基于域间路由行为的监测进行路由异常和安全检测的方法可分为三类：一类是基于 BGP 路由表的监测，一类是基于 BGP 更新报文的监测，还有一类是基于 SNMP 的 BGP 监测。

1. 基于 BGP 路由表的监测

基于 BGP 路由表的监测方法一般有三个步骤。

（1）从 ISP（Internet 服务提供商）的 BGP 路由器中取出 BGP 路由表。

（2）运行异常和安全检测程序分析 BGP 路由表。

（3）给出分析的结果报告。

在域间路由系统中，从单个 ISP 的单个路由器得到的 BGP 路由信息反映的只是该路由节点对路由系统行为和网络互联关系的视图，只是整个 Internet 路由视图的一部分，通常把单个路由节点所观察到的路由视图称为单视图；相应地，从一个 ISP 的多个路由节点或多个 ISP 得到的路由视图则称为多视图。单视图的信息是不完全的，只能观察到网络节点的部分互联关系，所发现的路由异常行为一般不全面，且由于缺乏其他节点的确认因此对路由攻击和路由异常行为的判断往往不准确。这类方

法中比较有代表性的是 Telstra 公司发布的 BGP 报告，只能从中
发现类似于包含私有地址这样的个别异常路由。

2. 基于 BGP 更新报文的监测

在各种基于 BGP 更新报文的监测方法中，比较有代表性的
是 Renesys 公司的 GRADUS 服务[27]。Renesys 在 Internet 的多个
自治系统中放置多个 GRADUS collection 路由器，以形成监测网
络；collection 路由器的特点是只搜集其他 BGP 路由器的 Update
报文而不发布报文；collection 路由器把搜集到的信息发送到
BGP 信息存档服务器中保存，而 BGP 信息分析服务器则对其进
行分析，为 GRADUS 客户提供全球 Internet 路由信息服务。
GRADUS 服务把其使用的异常检测方法称为"策略审核"，这是
一种"正向"的异常检测方法，基本原理是建立监测网络采集
多个自治系统中 BGP 路由器的更新报文并把这些 BGP 数据存放
到一个路由数据库中。在检测异常时，首先要求各个申请了
GRADUS 服务的 ISP 报告自己的路由策略信息，例如，该 ISP
拥有的前缀、自治系统号、邻居等；然后 GRADUS 的后台分析
程序利用得到的 ISP 的策略信息，在路由数据库中寻找违背了相
关策略信息的路由；最后把异常结果报告给 ISP 客户。这种"策
略审核"方法的异常检测能力有限，主要原因是获取的异常检
测的根据来自单个 ISP 提交的策略信息，忽视了多视图中的丰富

信息，难以发现来自其他自治系统的异常；并且，对异常的报告依赖于 ISP 自己提交的策略信息，随着提交信息的不同，报告内容可能相差很大。

3. 基于 SNMP 的 BGP 监测

基于 SNMP 的 BGP 监测是一种已标准化的方法。IETF 已定义了标准的 BGP4-MIB，许多设备供应商还对其进行了扩展，使得通过 SNMP 能轮训 BGP 路由器的策略和路由，从而实施监测。如 Cisco IOS 12.0 就定义了新的 CISCO-BGP4-MIB，这样利用 SNMP 就能查询某 BGP 路由器从其对等体学到的路由。通常，这样的监测能力被集成到了网络管理系统中，如 HP 的 OpenView 管理系统。虽然该技术已很成熟，但只适用于 ISP 所管理的自治系统内部，所以这种监测方法对整个域间路由系统的监测能力有限；而且，该方法关注 MIB 中定义的实体，监测力度太小，当自治系统很大时只适用监测自治系统中的少数 BGP 路由器；还要注意，要实现该方法需要改动底层的协议以实现对相应 SNMP 的支持。

§2.3　监测系统模型

2.3.1　监测系统结构

图 2-1 给出了本书提出的监测系统模型结构图，分为三个层次：域间路由监测网络层、域间路由异常分析层和域间路由安全服务层。这种分层结构具有很强的灵活性，每层关注不同的任务。

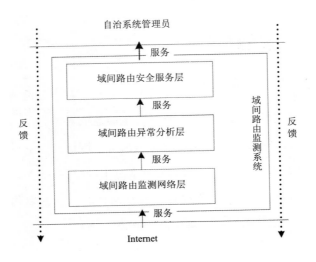

图 2-1　监测系统模型结构图

域间路由监测网络层负责监测数据获取，即采集 BGP 路由数据的，为上层提供分析数据的来源。域间路由异常分析层主要负责对获取的数据进行分析、建模，以捕获域间路由的异常或安全问题。域间路由安全服务层位于最顶层，可利用底层提供的支持为自治系统管理员提供安全服务及负责与管理员交互的用户界面。

可以看到，该模型位于管理员和 Internet 之间，对下监测整个 Internet，对上为自治系统管理员提供域间路由监测服务，帮助管理员管理网络。管理员就能够在本系统提供的安全服务的帮助下管理与维护其自治系统网络（反馈）。

2.3.2 监 测 网 络

如图 2-2 所示为监测网络模型的示意图。整个监测网络采用"代理/管理器"结构。由于本监测网络的监测对象是某自治系统中 BGP 路由器的路由表或更新路由报文，因而与一般的监测系统相比存在很大不同。代理存在于监测的自治系统中，负责周期地采集路由数据。管理者向代理发出请求，以获取相应的路由数据，并把数据存放到数据库中保存。

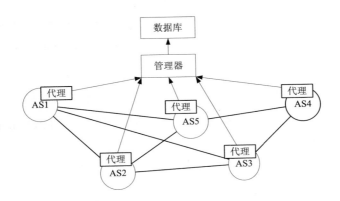

图 2-2　监测网络模型的示意图

在监测网络的实现中，既可以采用 BGP 更新报文监测技术，也可以采用 BGP 路由表监测。在数据传输方面，考虑到整个监测网络的扩展性及不对 Internet 造成影响，可把路由数据打包后利用应用层协议传送。

2.3.3　异常分析

异常分析模型是本系统模型的核心部分，如图 2-3 所示，其中有三个核心块，分别为 BGP 路由数据预处理模块、Internet 特性分析模块及针对不同模型定义的异常判断引擎模块。中心原始数据库中的路由数据经过 Internet 特性分析模块的作用后生成 Internet 模型，该模型被存放在 Internet 模型库中；而被监测点的数据在异常判断引擎的作用下被划分为异常数据和正常数据，并分别存放到异常数据库和正常数据库中。该模型框架充分考虑了可扩展性，当发现了新的 Internet 特性或异常判断规则时，可以很方便地加入本框架中，以用于异常路由的检测。在本书中，主要讨论了 ISP 商业互联关系模型的构造和 Internet 层次关系模型的构造。

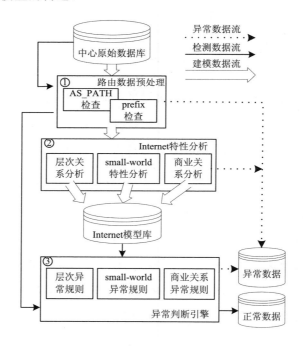

图 2-3　异常分析模型

建模数据流起始于中心原始数据库中的整体数据，经过预处理过程处理掉一部分异常路由（存放到异常数据库中），接着在Internet 特性分析模块的作用下转化为 Internet 的各种模型，进入 Internet 模型库中保存，以供异常判断引擎的使用。检测数据流起始于中心原始数据库中的部分数据，经过预处理过程处理掉一部分异常路由，异常判断引擎利用模型库中的信息和异常规则对该流进行区分，标记为异常路由和正常路由分别保存在异常数据库和正常数据库中。

2.3.4　安　全　服　务

图 2-4 是域间路由安全服务层的模型结构图，该层为网络管理员提供安全服务以帮助其诊断和维护自治系统网络。

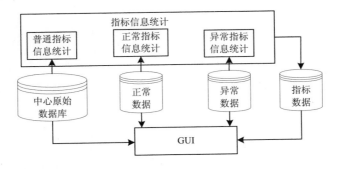

图 2-4　域间路由安全服务层的模型结构图

图中有三个重要部分：一是指标信息统计，二是指标数据库，三是与管理员打交道的 GUI 界面。指标信息统计模块对中心原始数据库、正常数据库及异常数据库的信息进行分析，以对监测指标进行统计，并把数据存放在指标数据库中。管理员通过 GUI 不断查询指标数据库中的内容，以对 Internet 及管理的自治系统进行监测。当出现异常情况或管理员感兴趣的事件，管理员可通过查询原始数据、正常数据及异常数据进一步进行分析。其中，指标数据库的定义是关键。

§2.4　问　题　讨　论

2.4.1　视图的完整性

在域间路由系统中，从单个 ISP 的单个路由器得到的 BGP 路由信息反映的只是该路由节点对路由系统行为和网络互联关系的视图，只是整个 Internet 路由视图的一部分，通常把单个路由节点所观察到的路由视图称为单视图；相应地，从一个 ISP 的多个路由节点或多个 ISP 得到的路由视图则称为多视图。本监测模型并不只基于单节点观察视图，而是利用于多个节点观察视图以对域间路由健康问题进行诊断[28]。原因如下：第一，单个节点观察视图并不能完整反映整个 Internet 的拓扑信息，并且不同节点的观察视图也不相同，所发现的路由异常行为一般不全面；第二，单节点路由策略的制定与其全局影响间存在矛盾，域间路由的问题需要从整体去考虑与协调；第三，本模型利用 Internet 拓扑视图，从其拓扑特性来定位各种异常路由[2]，因此视图是否完整对本模型的效果影响较大。

2.4.2 监测网络构造

监测网络中 BGP 路由表采集的一种具体实现示意图，如图 2-5 所示。具体操作过程如下。

图 2-5 监测网络中 BGP 路由表采集的一种具体实现示意图

（1）采集：代理周期性采集相应 BGP 路由器的路由表数据，也可收到管理者请求后采集，数据本地保存。

（2）请求：管理者向相应的代理发出请求操作，期望取得 BGP 表数据。

（3）答复：代理评价管理者的要求，并答复管理者当前可用的数据。

（4）传输：管理者根据代理的答复，获取相应路由表数据。

（5）保存：管理者把获取的数据送到中心数据库保存。

2.4.3　异常路由检测

该模型以充分利用得到的 Internet 拓扑视图为基础，分析提取视图中自治系统间的各种关系，如 Internet 的层次关系等；在此基础上，根据 Internet 的拓扑特性和分析出来的各种自治系统关系及由相应关系或特性定义的异常路由判断规则，捕获原始路由信息中的异常。

许多关于 Internet 的研究成果都可以用在异常路由的检测中，如层次关系[29][30][31]、商业关系的[32][33]等。本书在接下来的两章中，将详细讨论模型构造的问题。为了展示异常路由的检测技术，在图 2-6 中，给出了违背 Internet 层次特性的异常路由检测流程图。

图 2-6 完整地展示了检测异常路由的整个流程。该流程是有代表性的，如果要检测其他异常，只需要把该图中的③和④部分进行相应替换即可。首先要得到构造 Internet 的层次模型的数据（①部分），这要选取多个观测点，对多个观测点的视图进行

融合，经过预处理阶段后得到可用于建模的 AS_PATH 数据集；然后，通过 Internet 构造层次模型的算法来得到 Internet 层次模型（②部分）；接着把被监测点 X 的数据和模型送到层次异常检测引擎；最后得到违背了层次特性的异常路由集。

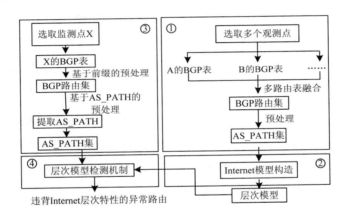

图 2-6　违背 Internet 层次特性的异常路由检测流程图

§2.5　本 章 小 结

域间路由监测系统具有很强的应用背景，但是现有监测系统的作用与效果还远不能令人满意。作为一种确保域间路由系统健康的技术途径，其重要性自然不言而喻。本章提出的系统模型在异常分析中使用了一种基于多视图的异常路由检测方法，其核心是利用从比较完整的 Internet 路由视图中推断出来的 ISP 互联信息，来检测域间路由系统中的异常路由，从而达到监测域间路由系统的目的。本模型具有几个特点。

（1）从多种来源获取 BGP 路由信息，充分挖掘与利用不同路由节点多个路由视图中蕴涵的信息，能构造比较完整的 Internet 的路由模型。

（2）在检测阶段利用多个被监测点的路由表，相互确认异常路由信息，使得异常报告更加全面和准确。

（3）在检测过程中利用获取的 Internet 层次关系模型、ISP 商业互联关系模型，构造出更加系统的异常路由判定规则，除了一般的异常路由，还能够发现违背 Internet 层次关系、商业互联关系等隐藏的更多类型的异常路由特征和可能的路由攻击行为。

（4）可显著增强域间路由监测系统的能力，它既可帮助自治系统管理员和网络管理员全面准确发现来自域内或域外的非法路由信息和可能的路由攻击，又可帮助不同的 ISP 协调运营，维护整个 Internet 的健康发展。

第三章

ISP 商业互联关系模型的构造

§3.1 引　　言

　　ISP 路由策略的私有性与其路由策略对整个域间路由系统影响的全局性之间存在矛盾。一方面，Internet 商业化使 ISP 之间存在利益竞争，使得各 ISP 不愿意透露其使用的路由策略信息，而它们各自的路由策略又有很大差异；另一方面，各 ISP 的策略信息对 Internet 的影响却是全局的，一个局部的路由策略问题就可能对全球 Internet 带来很大影响。特别地，ISP 之间域间路由策略的不透明性，以及 BGP 路由实现的差异性，使得对域间路由安全问题处理经验缺乏共享，ISP 之间的合作、跨 ISP 域间路由行为控制更加困难。

　　若能知道各 ISP 的路由策略信息，上面的问题就能迎刃而解。不仅如此，知道 ISP 的路由策略还有许多应用。

　　第一，策略信息是 Internet 服务管理决策的关键，如决定代理服务器或者 Web 服务器的最佳位置。

　　第二，它能帮助 ISP 或者域管理员解决负载平衡、拥塞避免等问题。

　　第三，它能帮助 ISP 计划将来的商业契约合同。

　　第四，它能帮助 ISP 发现网络实际运营中出现的各种问题，如违背了商业策略的路由。

第五，了解 ISP 的策略信息还能检验 Internet 路由登记处中信息的完整性。

显然，获取 ISP 的路由策略信息面临的困难可想而知。一方面，许多 ISP 不会把它们的策略信息公布，更不会注册到 Internet 登记处中；另一方面，在 Internet 登记处中（如 ARIN）的确提供了一些策略信息，如谁管理一个自治系统，但这些信息会过期，也不一定可靠。

幸运的是，由于局部路由策略的影响是全局性的，所以某些策略是全局可见的。那么，如何定义这些策略信息呢？我们是否可以从公共可用的数据中推断出来这些定义的策略信息呢？

本章在前人研究的基础上，从管理域间的商业关系对 Internet 流量的约束出发，对这些问题给出了自己的一些想法和思考。首先介绍了几个基本的 ISP 商业互联关系，在此基础上，定义并改进了 Internet 的拓扑模型；然后给出了一个基于多视图的 ISP 商业关系模型构造算法，这个算法可用于 ISP-HEALTH 中的 ISP 商业互联关系模型构造；最后对相关工作进行比较。

§3.2　ISP 商业互联关系模型

一般来说，管理域之间存在四种基本的商业关系[45][46]：提供商-客户关系，客户-提供商关系，对等关系（peering relationship）及同胞关系（sibling relationship）等。各个管理域之间形成的商业关系深刻地影响着 Internet 域间路由结构，以及网络端到端的性能特征。

3.2.1　基本商业互联关系

1. 提供商-客户关系（客户-提供商关系）

提供商-客户关系是 ISP 之间通过商业合同而形成的一种关系，其与客户-提供商关系相对应。如图 3-1 所示的提供商-客户关系（客户-提供商关系）示意图，若 ISP A 需要访问 Internet，那么它就需要位于中间的 ISP B 为其提供到 Internet 的访问服务，当然这不是免费的，ISP A 需要向 ISP B 购买能访问 Internet 的中转服务，这样 ISP A 才能通过 ISP B 与 Internet 交换 IP 数据流。因此，ISP A 称为 ISP B 的客户，反之，ISP B 就是 ISP A 的提供商，它们之间的这种商业关系就称为提供商-客户关系（或客户-提供商关系）。

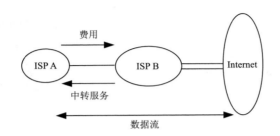

图 3-1　提供商–客户关系（客户–提供商关系）

2. 对等关系

通常情况下，一个 ISP 需要得到另一个 ISP 为其提供的中转服务才能访问 Internet，它们之间的关系也就是上面讲的客户–提供商关系。这样，如图 3-2 所示，假如 ISP A 和 ISP C 之间没有互联（用虚线表示），ISP A 访问 ISP C 同样需要通过 ISP B；反之，ISP C 也是如此。在实际中，ISP A 和 ISP C 可能相互间访问的流量很大，而这些流量都要通过 ISP B，那么它们都需向 ISP B 付出高昂的费用。一个很直接的解决办法就是，在 ISP A 和 ISP C 之间建立连接，若 ISP A（或 ISP C）的目的地为 ISP C（或 ISP A）就直接通过该连接到达，而不须经过 ISP B。当然，ISP A（或 ISP C）不能通过 ISP C（或 ISP A）、ISP B 到达 Internet。ISP A 与 ISP C 间建立的这种平等、互惠的关系称为对等关系（peering relationship）。

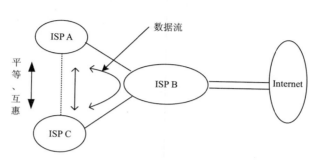

图 3-2　对等关系

值得注意的是，许多 ISP 都期望与其他 ISP 建立对等关系，原因并不是因为经济，而主要是由于技术——可以减少端到端的延迟。如图 3-2 所示，如果 ISP A 与 ISP C 之间没有直接连接，那它们就需要通过中间的 ISP B，若它们之间的中介较多，建立对等关系而减少的延迟是很可观的。在激烈竞争的 ISP 市场中，这使得建立较多对等关系的 ISP 会占有较大优势。其中，Tier 1 ISP 就是最明显的一类。由于 Tier 1 ISP 是最大的一类 ISP，没有其他的 ISP 能为它们提供中转服务（只有它们为其他 ISP 提供中转服务）。这样，一个 Tier 1 ISP 要获得整个 Internet 的访问，各个 Tier 1 ISP 间就需要都建立对等关系，关于 Tier 1 ISP 的研究，本书将在"Internet 层次关系模型的构造"一章中讨论。

"对等关系"本身就很值得研究，特别是把它与经济问题相结合，如对等关系一般是基于免费的互惠商业合同，但当流量不对称时也有可能基于流量比的付费商业模型[47]。

3．同胞关系

为了展示同胞关系与对等关系的不同，如图 3-3 所示。与前面的图 3-2 进行比较，可以发现拓扑结构是一样的，但是 ISP A（或 ISP C）的数据流与对等关系中的不一样。在对等关系中，ISP A 既可以通过 ISP B 访问 Internet，也可以通过 ISP C 到达 ISP B 再访问 Internet；而在对等关系中，ISP A 是不允许通过 ISP C 到达 ISP B 的。ISP A 与 ISP C 的这种关系称为同胞关系，因为从外部看，ISP A 与 ISP C 就好像是一个大的 ISP。

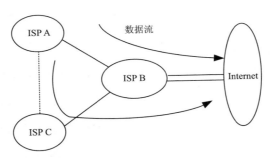

图 3-3　同胞关系

许多情况下，两个自治系统会表现出同胞关系，如两个自治系统同属于一个管理域，或是两个小型机构为了保证到 Internet 的连通性就可能会建立同胞关系。

3.2.2　商业互联关系的路由策略语义

前面讲述的管理域之间的商业关系作用于自治系统间网络的流量，而自治系统之间的流量由输出某网络的路由来控制。于是，作用于自治系统之间的商业互联关系就可以用 BGP 路由的输出策略来描述。

如图 3-4 所示，展示了自治系统基于商业关系的输出路由策略。当一个自治系统收到来自其客户自治系统的 BGP 路由时，会把它们向其他所有邻居传播，如图 3-4（A）所示；当一个自治系统收到来自其对等自治系统的 BGP 路由时，只会把它们向其同胞和客户传播，而不会传播给其提供者和对等体，如图 3-4（B）所示；当一个自治系统收到来自其同胞自治系统的 BGP 路由时，需要对路由进行区分：该同胞的所有路由可以传播给客户和其他同胞，该同胞的客户和同胞的路由才能传播给提供者和对等体，如图 3-4（C）所示；当自治系统收到来自其提供者的 BGP 路由，只会把它们传播给其同胞和客户，如图 3-4（D）所示。这些关系的策略可用总结为表 3-1。

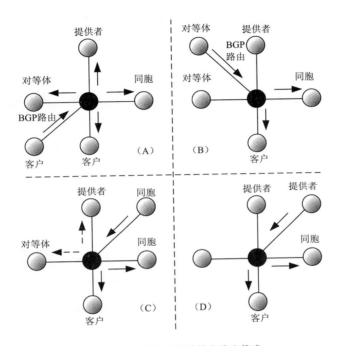

图 3-4 基于商业关系的输出路由策略

表 3-1 基于商业关系的输出策略

	提供者	对等体	同胞	客户
提供者			Y	Y
对等体			Y	Y
同胞	Y	Y	Y	Y
客户	Y	Y	Y	Y

通过上面的分析，自治系统的 BGP 输出路由策略可按如下内容定义。

（1）输出到提供者（provider）：在与一个提供者交换路由信息时，一个自治系统可以输出自己的、其客户的及同胞的路由，但是不能输出从其他提供者或对等体学到的 BGP 路由。

（2）输出到客户（client）：在与一个客户交换路由信息时，一个自治系统可以输出自己的、其客户的及同胞的路由，还可输出从其提供者和对等体学到的 BGP 路由。

（3）输出到对等体（peer）：在与一个对等体交换路由信息时，一个自治系统可以输出自己的、其客户的及同胞的路由，但是不能输出从其他提供者或对等体学到的路由。

（4）输出到同胞（sibling）：在与一个同胞交换路由信息时，一个自治系统可以输出自己的、其客户的及同胞的路由，还可以输出从其提供者和对等体学到的路由。

值得注意的是，虽然输出策略对于提供商和对等体是一样的（或者客户和同胞），但是提供商-客户关系是非对称的，而对等-对等（或者同胞-同胞）关系是对称的，这是区分提供商-客户关系和对等-对等（或者同胞-同胞）关系的关键。简而言之，一个自治系统选择性地为其邻居自治系统提供转发服务。

3.2.3　改进 Internet 拓扑模型

在第一章第三节 Internet 内体系结构中，我们将 Internet 在自治系统级别建模为无向图，其定义为在自治系统级别将 Internet 建模为图 $G=[V（G），E（G）]$，其中 $V（G）$ 表示自治系统的节点集，$E（G）$ 表示自治系统之间 BGP 连接的边集。这种 Internet 拓扑模型虽然在一定的抽象层次上简化了 Internet 的拓扑模型，刻画了 Internet 的关键特性（互联结构），但是它还是存在一定的局限，即没有表示出 Internet 中各自治系统之间的关系，也不能有效反映实际中 Internet 的端到端的性能特征。

这是因为自治系统之间的路由选择由 BGP 控制，它是一种基于策略的路由协议，因此自治系统之间的连通并不意味着它们可达。例如，有两个大型 ISP（A 和 B）都连到它们的同一个客户 ISP C。虽然 ISP A 与 ISP B 通过 ISP C 连接，但是 ISP A 却不能通过 ISP C 到达 ISP B，因为 ISP C 作为一个 ISP A 和 ISP B 的客户并不为它的提供者提供中转服务。尽管 ISP A 和 ISP B 之间可通过其他 ISP 相互到达，但它们的端到端性能却不能从 A 与 C 之间和 C 与 B 之间推断出来。

因此，根据两个自治系统所属的管理域之间的商业关系，把互联的自治系统对的关系相应定义为提供商-客户关系，客户-

提供商关系，以及对等关系。那么在 Internet 的域间路由层次，我们就可以把整个 Internet 建模为有向的自治系统拓扑图 G。图 G 定义为 $G=[V（G），E（G）]$，其中 $V（G）$ 为节点集，节点代表自治系统；$E（G）$ 为边集，边代表自治系统之间的连接关系。在图 G 中，连接关系具体表示如下：若节点 A 和 B 之间存在提供商-客户关系，那么就用一条从 A 到 B 的有向边表示；若节点 A 和 B 之间存在对等关系，则用一条相连 A 和 B 的双向边表示。图 3-5 是一个有向自治系统拓扑图的例子，其中 AS3 是 AS1 的客户，是 AS5 的提供者；而 AS3 和 AS4 形成对等关系。

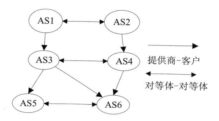

图 3-5   有向自治系统拓扑图的例子

注：在本书的研究中，为了模型的简化并没有考虑自治系统间的同胞关系（sibling relationship）。

§3.3   ISP 商业互联关系模型构造算法

通过前面的讨论，我们知道，Tier 1 ISP 是最大的一类 ISP，没有其他的 ISP 能为它们提供中转服务。若一个 Tier 1 ISP 要获得整个 Internet 的访问，各个 Tier 1 ISP 间就需要都建立对等关系，并形成一种全互联结构。关于 Tier 1 ISP 的集合，本书定义为核心层，具体推断算法见"Internet 层次关系模型的构造"一章。这样，利用核心层构造算法推断出核心层自治系统，我们就可以得到一部分的对等边。方法为利用核心层推断算法得到集合 Tier 1-AS-SET，若 α、$\beta \in$ Tier 1-AS-SET，则 $\langle \alpha, \beta \rangle$ 记为 peer-peer 关系。

在 GAO L.等人提出的理论中[32]，最难确定的就是一条自治系统路径中的"山峰"（最大的自治系统），而他们的解决办法是通过自治系统的节点度来确定最大的自治系统，这种方法是有争议的[53]。那为什么不通过 Tier 1 自治系统来进行推断呢？显然在一条自治系统路径中，若存在 Tier 1 自治系统，那其就是该路径中的"山峰"。可以通过提取出含有 Tier 1 自治系统的路径，然后使用文献[32]定义的两种有效路径类型。

类型一：在某自治系统路径中，若出现一条从提供商到客户的正单向边后，则不应该再出现客户到提供商的逆单向边；

类型二：在某自治系统路径中，若出现一条从提供商到客户的对等边后，则只应该出现提供商到客户的正单向边。

由此就可以知道 Tier 1 自治系统左边的自治系统对都是

customer-provider 关系，而右边的自治系统对都是 provider-customer 关系。由于 BGP 表中大部分路由都会经过 Tier 1 自治系统，这样，就可以知道大部分自治系统对的关系。然后以此为根据，再去继续推断其他路径中的自治系统对的关系。这就是本书提出的推断 ISP 商业互联关系模型算法的基本思想。

推断 ISP 商业互联关系模型算法的具体步骤如下。

输入：全部 AS_PATH 集，其中的路径 p 由自治系统序列组成，记为 $p=\alpha_1\alpha_2\cdots\alpha_i\cdots\alpha_n$，$1\leqslant i\leqslant n$。

输出：自治系统对 $\langle\alpha,\beta\rangle$ 的关系集 relation_SET，其中 α，β 是 AS_PATH 中出现的任意自治系统号。

（1）利用有效路径类型一得到核心层 AS 集合 Tier 1_AS_SET，若 α、$\beta\in$Tier 1_AS_SET，则 $\langle\alpha,\beta\rangle$ 记为 peer-peer 关系。

（2）从 AS_PATH 集中提取出含有 Tier 1_AS_SET 集合中元素的路径，这些路径构成集合 CORE_AS_PATH。

（3）若 $p\in$CORE_AS_PATH，设 $\alpha_i\in$Tier 1_AS_SET。

a. 将 p 中 α_i 左侧的所有 AS 对 $\langle\alpha_{j-1},\alpha_j\rangle$（$j\leqslant i$）记为 customer-provider 关系。

b. 把 p 中 α_i 右侧的所有 AS 对 $\langle\alpha_j,\alpha_{j+1}\rangle$（$j\geqslant i$）记为 provider-customer 关系。

（4）若 $p\in$AS_PATH_CORE_AS_PATH。

a. 若 p 中 AS 对 $\langle \alpha_{i-1}, \alpha_i \rangle$ 和 $\langle \alpha_j, \alpha_{j+1} \rangle$ $(i<j)$ 为 customer-provider 关系，则把它们中间的所有 AS 对 $\langle \alpha_r, \alpha_{r+1} \rangle$ $(i \leq r < j)$ 记为 customer-provider 关系。

b. 若 p 中 AS 对 $\langle \alpha_{i-1}, \alpha_i \rangle$ 和 $\langle \alpha_j, \alpha_{j+1} \rangle$ $(i<j)$ 为 provider-customer 关系，则把它们中间的所有 AS 对 $\langle \alpha_r, \alpha_{r+1} \rangle$ $(i \leq r < j)$ 记为 provider-customer 关系。

c. 重复（4）中 a、b 直到没有发现新 customer-provider 或 provider-customer 关系。

（5）若 $p \in$ AS_PATH_CORE_AS_PATH。

a. 若 p 中 AS 对 $\langle \alpha_{i-1}, \alpha_i \rangle$ 为 customer-provider 关系和 $\langle \alpha_j, \alpha_{j+1} \rangle$ 为 provider-customer 关系 $(i<j)$，则把它们中间的所有 AS 对 $\langle \alpha_r, \alpha_{r+1} \rangle$ $(i \leq r < j)$ 记为 peer-peer 关系。

b. 若 p 中 α_i 右侧的所有 AS 对 $\langle \alpha_j, \alpha_{j+1} \rangle$ $(j \geq i)$ 为 provider-customer 关系且 α_i 左侧的所有 AS 对 $\langle \alpha_{k-1}, \alpha_k \rangle$ $(k \leq i)$ 还没标记关系，则把 $\langle \alpha_{k-1}, \alpha_k \rangle$ $(k \leq i)$ 都记为 peer-peer 关系。

c. 若 p 中 α_i 左侧的所有 AS 对 $\langle \alpha_{j-1}, \alpha_j \rangle$ $(j \leq i)$ 为 customer-provider 关系且 α_i 右侧的所有 AS 对 $\langle \alpha_k, \alpha_{k+1} \rangle$ $(k \geq i)$ 还没标记关系，则把 $\langle \alpha_{k-1}, \alpha_k \rangle$ $(k \geq i)$ 都记为 peer-peer 关系。

§3.4　相关工作比较

研究 ISP 商业互联关系模型具有很重要的理论和实践意义。GAO L. 等人在文献[32]中基于提供商-客户关系、客户-提供商关系和对等关系这三种商业关系定义了两种有效路径类型，以用于推断自治系统间的商业关系。在 Internet 拓扑中，若两 AS 间存在提供商-客户关系，则把它们间的连接标记为从提供商到客户的正单向边；若两 AS 间存在对等关系，则把它们间的连接标记为双向边。

GAO L. 等人工作的意义主要有两个方面：一是在理论上，为推断自治系统间的商业关系提供了理论依据；二是在实践上，以该理论为依据提出了一个基于单节点视图的商业关系推断算法，并通过实验对该算法的有效性进行了验证。

SUBRAMANIAN L. 等人在文献[30]中进一步发展了 GAO L. 的理论，明确定义了关系类型问题（ToR 问题），指出推断商业关系的实质就是：对于 Internet 的自治系统拓扑图 G 和构造该图的自治系统路径集 P，给图中的每条边打上关系类型的标记，以使 P 中路径满足类型一或类型二的自治系统路径数目最大。同时，从经验出发利用概率思想，给出了一个基于多节点视图的推断算法。BATTISTA G 等人则在文献[33]中证明了 ToR 问题是 NP 完全问题，同时也给出了一个基于多节点视图的推断算法。

现有的算法各有优点和不足，如 GAO L. 等人提出的算法可操作性强，时间复杂度低。但该算法只是基于单节点视图，同时使用了一个有争议的假设，在某条自治系统路径中节点度最大的节点为最大的节点，因此准确度不高。SUBRAMANIAN L. 等人提出的算法朝多节点视图推断迈向了重要的一步。但该算法是基于经验的，并且可操作性不强[30]。BATTISTA G 等人的算法也许是最好的，但其准确度也还有待进一步验证。

§3.5　本 章 小 结

关于自治系统间商业策略的推断是一个很值得研究的问题，不仅是因为该问题的解决有着很大的挑战，更是由于其具有重要的理论和实际意义。本章给出了我们的对这个问题的思考，并提出一个基于多节点视图的推断算法。该算法有以下几个特点。

（1）时间复杂度不高，可操作性强。

（2）利用了 GAO L. 等人的理论，想法自然、容易理解，而不是经验。

（3）基于多节点视图，而不是单节点。

这个算法可用于 ISP-HEALTH 中的 ISP 商业互联关系模型构造。

另外，本章讨论的这些关系并不是一成不变的。如果一个 ISP 是另一个 ISP 的客户，那么其商业目标就是减少相关提供商-客户关系的费用，这就是通过形成其他对等关系，从需要投资的互联上卸载流量；极端地，可以把该客户-提供商关系转换为一个对等关系。同时，在一个对等关系中，一个 ISP 如果发现比其对等者投入了更大的价值到该连接，那么大概平等的关系就不再维持。在这样的情况下，ISP 会试图调整关系使提供商到另一个 ISP。改变互联关系的大体理论就是，客户想成为对等者，而对等者想成为提供商。这也是我们对算法的可操作性要求较高的一个原因。

第四章

Internet 层次关系模型的构造

§4.1 引   言

研究 Internet 层次模型有着非常重要的意义。第一，推断 Internet 层次是关于 Internet 拓扑的一项基本研究，现有的许多工作都是基于先前的层次研究成果。第二，Internet 层次有助于准确评价与有效改进端到端网络协议[56]。第三，能为服务提供商提供有价值的决策信息，如选取分布式应用服务器的安放位置，帮助管理员有效地实施路由策略等。第四，建立合理的 Internet 层次模型能帮助定位各种域间路由问题，如一条路由的路径从高一层次降到低一层次然后又回到高层，这样的路由就是我们要检测到的一种异常路由，称为"违背 Internet 层次特性的路由"[26]，其产生的一个常见现象就是"寄生流量"。

但是，识别每个自治系统在 Internet 层次中的位置有着很大困难。第一，Internet 每年按至少翻一番的速度迅猛增长、网络的互联结构越来越复杂、商业活动对网络的变化影响深远等，这些因素导致人们对 Internet 层次的认识变得模糊，建立有效的 Internet 层次模型以适应 Internet 的动态变化是一个挑战。第二，Internet 的层次特性根源于各自治系统管理域之间的商业关系（主要是提供者商-客户关系），如何准确地推断出自治系统之间的商业关系[30][32][33]以定位 Internet 层次也是一个挑战。第三，一般将 Internet 建模为自治系统拓扑图来进行研究，而从拓扑图中推断出层次的问题有些部分是 NP 难问题（如核心层的推断），如何在一定条件下设计高效可行的推断算法是一个难点。第四，对 Internet 建模需要大量的核心 BGP 路由表数据，而这往往难以得到，设计只从公共可得的数据来有效推断 Internet 层次的算法也需要着重考虑。

准确判定自治系统在 Internet 层次中的位置取决于建立合理的 Internet 层次模型和有效的推断方法。由于 Internet 规模的扩展和互联结构的复杂化，准确推断 Internet 层次有着较大难度。本章首先提出了一个可扩展的 Internet 层次结构模型（核心层—转发层—边缘层），并给出了较严格的定义；然后基于有向图分析和无向图处理的办法给出了一个有效的推断算法，这个算法可用于 ISP-HEALTH 系统中的 Internet 层次关系模型的构造；最后对相关的研究工作进行了比较。

§4.2　Internet 三级层次模型

通过前面的 ISP 商业互联关系模型我们知道，Internet 使用的是一个简单的互联模型，其中，一个 ISP 是提供商而另一个是 ISP 客户。在这个互联模型中，通过互联的资金流是单方向的，也就是客户为提供商付 Interent 连接服务的费用。尽管简单的可扩展模型都可以很好地适用于 Internet，但我们看到 Internet 仍十分广泛地采用了这个提供商–客户互联模型。这个模型在 Internet 中创建了许多层次，其中局部 ISP 是更大区域 ISP 的客户，反过来又是更大的国家 ISP 的客户等。ISP 互联的层次模型示意图，如图 4-1 所示。这个结构通常被称为分层模型，其中在层次顶级的被称为"Tier 1 ISP"，其的客户被称为"Tier 2 ISP"，以此类推。

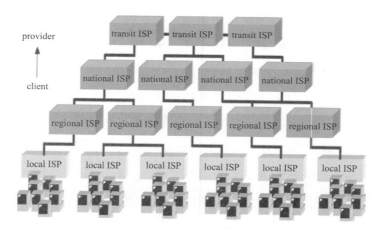

图 4-1 ISP 互联的层次模型示意图

然而，问题并不是如此简单。现实世界中并不存在这样的层次结构，因为并不是只有统一的客户–提供商关系。我们看到的是一个更无序的模型，其中一个 ISP 可以有两个或更多的提供商；某个 ISP 也可能为位于不同层次中的 ISP 提供中转服务；更值得注意的是，还存在对等关系。在这种互联形式中，双方确定互联的利益是平等的，在一定的范围内，一个 ISP 现为另一方的提供商是不可能的。这样的对等关系出现在所有层次级别，并且各 ISP 一般有着这样的观点，对于交换流量而言，对等关系在费用方面更吸引人。关于 ISP 商业互联关系的内容见"ISP 商业互联关系模型的构造"一章。Internet 结构示意图，如图 4-2 所示。

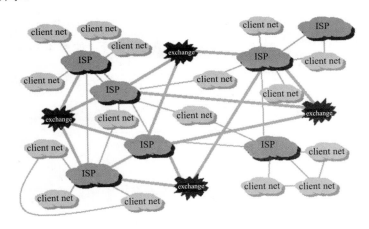

图 4-2　Internet 结构示意图

显然，建立有效的 Internet 层次模型以适应 Internet 的动态变化和混乱的互联结构是一个关键。我们可以发现，在管理域之间的商业关系约束下，尽管整个 Internet 结构有点混乱，但是提

供商–客户关系是主流，就整个 Internet 而言，90%以上的互联关系是提供商–客户关系[32]；而且，就是一个 ISP 与其他 ISP 建立了对等关系也不应该影响其在 Internet 层次中的位置。基于这样的考虑，Internet 在域间路由级别还是应该有着显著的层次特性。顶级 ISP 网络相互联接组成 Internet 骨干；转发 ISP 网络则利用骨干网络为边缘网络提供到整个 Internet 的连通性，当然这是简化了的 Internet 三级层次模型。

与此类似，下面严格定义了一个可扩展的 Internet 三级层次模型（核心层—转发层—边缘层），其能较好地适应 Internet 的各种关系和变化。该 Internet 层次模型定义如下，如图 4-3 所示。

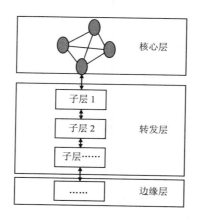

图 4-3　可-------扩展的 Internet 三级层次模型

注：事实上该层次模型不止三层，因为转发层可细分为多个子层。

（1）对于某节点集，若其中的所有节点都无提供者且它们形成一个团[57]，即是全互联结构，则其为核心层（最高层次）。

（2）若某自治系统不为其他任何自治系统转发网络流量，则属于边缘层（最低层次）。

（3）既不属于核心层又不属于边缘层的自治系统归为转发层。对于转发层还可按如下规则递归定义。

a. 如果一个节点只有核心层中的提供者，则其属于转发子层 1；

b. 如果一个节点有一个转发子层 i 提供者集中的提供者，则其属于转发子层 $i+1$。

§4.3　Internet 层次模型构造的算法

对于上节给出的一个 Internet 三级层次模型，本小节将详细讨论该模型的各层次的特点及构造的基本思想和算法。

4.3.1　核心层构造算法

要推断出 Tier 1（核心层，顶层）自治系统，最容易想到的办法就是先推断所有自治系统间的商业关系，然后找出不存在提供者的自治系统，那它们就是 Tier 1 自治系统。但是，在实践中却并不可行，这已被文献[30][32]所证实，主要原因是现有的推断自治系统间商业关系的算法并不可靠。

这里我们借鉴文献[29]的方法，严格定义了一个 Internet 核心层，并给出了推断该层自治系统的算法。严格来说，对于 Internet 中的全部自治系统集，若某部分子集不存在任何提供者就能访问整个 Internet，且它们之间能相互直接访问，则该集合定义为 Internet 核心层。其中的自治系统称为核心自治系统，它们形成了一个团。推断核心层的实质就是找到 Internet 拓扑图中利用双向边形成的最大团问题。凭直觉，我们认为核心自治系统集既是自治系统有向图中的最大团，也是自治系统无向图中的最大团。然而，找出一个图中的最大团是 NP 难问题[57]。这里我们给出了一个推断算法，虽然还难以证明其得到的团就是最大团（易知是包含所得节点的极大团），但从推断结果来看还是十分有效。

该推断算法的基本思想是，首先选出 Internet 无向自治系统图中最重要的单个节点（判断标准是度），然后得到其邻居节点集的导出子图，再从该子图中选出最重要的单个节点，反复进行下去，最终得到核心层的全部节点。核心层推断算法步骤如下。

输入：全部 AS_PATH 集（把全部 AS_PATH 集看成图 G）。

输出：核心层自治系统集 Tier 1_AS_SET。

（1）Tier 1_AS_SET=$\varnothing$；

（2）计算图 G 中每个节点 v 的度，并把结果存放在一张信息表中；

（3）得到图 G 的最大度节点集；

（4）max_degree_nodes（G）={$v|d$（v）=max[d（v_1），d（v_2），…]，v_1，v_2，…$\in V$}；

（5）如果|max_degree_nodes(G)|=1，设 z 为 max_degree_nodes（G）的唯一元素；

（6）如果|max_degree_nodes（G）|≠1，那么查看信息表选出一个元素 z，其中 $z\in$max_degree_nodes（G），且 z 在信息表中历史记录的度不比其他元素小；

（7）Tier 1_AS_SET=Tier 1_AS_SET$\cup${z}；

（8）neighbor_set ← 得到图 G 中节点 z 的邻居集；

（9）从图 G 中得到节点集为 neighbor_set 的导出子图 G'；

（10）$G=G'$；

（11）如果图 G 满足条件 $|E(G)|>=\alpha\dfrac{[|V(G)|-1]*|V(G)|}{2}$，则退出；否则，返回到第（2）步。其中，$|E$（$G$）|是 G 中的边数，$|V$（G）|是 G 中的节点数，α 是用来控制 Tier 1 集合中连接稀密程度的系数，若 α=1 则为全连接图。

算法中，G 表示自治系统无向图。通过 degree 函数对图 G 中的每个节点计算节点度，并把每个节点在图 G 中的度信息存放在一张历史度信息表中（用 degree_history_table 表示），供以后使用。利用函数 choose 得到图 G 中节点度最大的节点，若度最大的节点有多个，则通过查阅度的历史信息表（从后往前比较），以找出一个最重要节点。而对于图 G，变换规则为：先得到图 G 中最重要节点的邻居节点集的导出子图 G'，然后使 $G=G'$。通过这样的规则能保证每次选取的最重要节点在最重要节点集中（用 CORE_AS_SET 表示）是全连接的，同时它们与每次得到的导出子图 G' 中的每个节点也都存在直接连接。从该算法来看，对于每次选取最重要节点的考虑，我们认为也较合理，因为它们就是每个导出子图中所有节点都期望与之建立连接的节点，因而它们也就比其他节点更有机会进入核心层。

4.3.2 边缘层构造算法

一般而言，边缘层中的自治系统就是通常所指的树桩网络（stub network），它们是网络流量的起点与终点，且不会为其他任何自治系统转发网络流量。因而，边缘层位于 Internet 层次的最底层。

若能得到整个 Internet 完全的有向图，那么边缘自治系统就是该有向图的叶节点。在有向图中，叶节点是出度为零的节点。

显然，把 Internet 模型化为有向图要比化为无向图更有效。若一个边缘自治系统有多个提供者，在无向图中就难以把它辨别出来。

尽管在分析 Internet 层次中，从有向图入手非常有效。但是在实践中，为了推断出 Internet 的边缘层并不需要先得到有向自治系统拓扑图。根据定义，边缘自治系统不会为其他任何自治系统转发网络流量，那么我们可以推断，某自治系统若是边缘自治系统，则它在路由表中只会出现在 AS_PATH 尾部。由此，对于 BGP 路由表中的每个自治系统，通过扫描所有 AS_PATH 就可以判断是否属于边缘自治系统集。边缘自治系统推断算法如下。

输入：全部 AS_PATH 集。

输出：边缘自治系统集 STUB_AS_SET。

（1）STUB_AS_SET=$\varnothing$；

（2）得到自治系统列表 AS_LIST；

（3）对于 AS_LIST 表中的每个自治系统 v 重复（4）、（5）、（6）步；

（4）flag = 0；

（5）检查所有 AS_PATH 集，如果 v 不在 AS_PATH 的尾部，则 flag = 1；

（6）如果 flag=0,则把 v 加入边缘自治系统集 STUB_AS_SET。

4.3.3 转发层构造算法

识别出核心层和边缘层后，剩下的自治系统都归为转发层。可以判断，Internet 层次结构的复杂性就位于这一层次。对于该层次的推断，我们的基本思想是客户位于其提供者所属的子层下面，而自治系统之间的对等关系不影响所属的层次。特别地，如果存在同属（sibling）关系，则它们位于一个层次，选取位于核心层中的观察点。转发层的推断算法步骤如下。

输入：全部 AS_PATH 集。

输出：转发层自治系统集 TRANSIT_AS_SET。

（1）获得核心层自治系统集 Tier1_AS_SET（利用核心层推断算法）；

（2）获得边缘自治系统集 STUB_AS_SET（利用边缘层推断算法）；

（3）得到 Internet 中所有自治系统集 AS_SET；

（4） TRANSIT_AS_SET ← AS_SET-Tier1_AS_SET-STUB_AS_SET。

§4.4　相关工作比较

与文献[58]划分的五个层次结构不同，文献[29]提出了较为形式化的方法。我们的模型就是建立在该方法之上，主要是把客户集归为边缘层，以使该模型更具层次性。文献[58]把 Internet 建模为无向图，只利用了节点度的信息把 Internet 划分为四个层次，简单地把度大的节点放在度小的节点上面，这种方法并不能准确刻画 Internet 层次特性。文献[29]和[30]则把 Internet 建模为有向图，利用自治系统间的商业关系来刻画 Internet 的层次，这样的思想表现了 Internet 层次的实质，但问题在于它们是基于不太准确的自治系统商业关系推断算法。

在推断方法上我们的思路和先前的工作有着明显的不同。我们把 Internet 建模为自治系统有向图，从分析有向图开始，利用在 Internet 上不同观察点看到的拓扑结构不同的特点（从顶级自治系统来看，整个 Internet 具有显著的层次特性），把无向图看作有向图进行推断（因为以核心自治系统为观察点构造的拓扑图中，得到的自治系统对之间几乎都是提供商-客户边）。工作分为两个阶段，第一阶段（本书已完成的工作），得到核心层—转发层—边缘层模型，其中核心层的推断是关键；第二阶段，以核心层自治系统为观察点（数据可从 Route Views 路由表的数据中分离得到），对转发层再进行划分，这是我们进一步要做的工作。

建立了有效的层次结构之后，我们的下一步目标是对违背

Internet 层次特性流量的路由进行捕获和研究。在这方面，文献 [26]从一个简单的层次模型出发，对域间路由安全做了初步的工作。深刻认识 Internet 层次结构，以便对域间路由安全进行研究，这也是我们刻画 Internet 层次结构的动机之一。

§4.5　本　章　小　结

本书从 Internet 商业模型出发，在相关研究的基础上提出了一个可扩展的 Internet 三级层次模型，并给出了核心层和边缘层的有效推断算法。与先前研究最大的不同是：我们的推断方法不基于自治系统关系推断算法，而是采用了有向图分析、选择观测点及无向图处理相结合的办法。

第五章

域间路由监测系统
ISP-HEALTH 的设计与实现

§5.1　引　　言

　　在前面几章中，本书详细讨论了我们提出的域间路由监测系统模型，以及该模型下的两个关键技术。在本章中，我们将详细讨论域间路由监测系统 ISP-HEALTH 的设计与实现方案，该方案的基本思想是：把监测系统划分为 Internet 模型构造部分和 BGP 异常路由检测与报告两部分。Internet 模型构造部分由基本信息库、路由数据采集模块、路由数据库、Internet 模型生成模块、Internet 模型库组成，路由数据采集模块从网上 Route Views 路由服务器和 RIPE-NCC 路由服务器等发布的文件中采集 BGP 路由数据，送到本地的路由数据库，由 Internet 模型生成模块构造 Internet 相关模型并存储在 Internet 模型库中。BGP 异常路由检测与报告部分由异常路由检测模块、BGP 异常数据库、异常报告模块组成，BGP 异常路由检测模块负责检测出监测点的异常路由，将异常路由信息存放在 BGP 异常数据库中，异常报告模块处理 BGP 异常数据库中的信息，生成异常报告并提交给自治系统管理员或网络管理员。

§5.2 ISP-HEALTH 的总体构架

域间路由监测系统 ISP-HEALTH 的总体构架如图 5-1 所示。
ISP-HEALTH 由 Internet 模型构造部分和异常检测与报告部分组成。

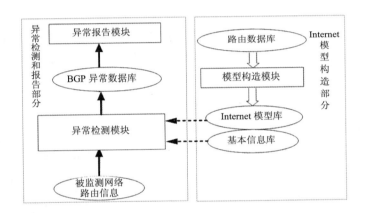

图 5-1 域间路由监测系统 ISP-HEALTH 的总体构架

图 5-1 中空心箭头指示建模数据的流向，实心箭头指示检测数据的流向。右侧为 Internet 模型构造部分，模型构造模块通过路由数据库中的信息构造出 Internet 模型，生成的 Internet 模型信息存储在 Internet 模型库，同时从 IRR 和 RIR 获取 IANA 公布的已分配自治系统号、已分配 IP 地址块、自治系统号与 IP 地址块的映射这三类基本信息，从而构造一个基本信息库来保存。

左侧为异常检测与报告部分，异常检测模块利用 Internet 模型库中的模型信息和基本信息库中的信息及相应的异常判定规则对监测点的网络路由信息进行异常检测，并把发现的异常路由保存到 BGP 异常数据库中；异常报告模块利用 BGP 异常数据库中的异常数据生成相应的异常路由报告。

§5.3　Internet 模型构造模块

5.3.1　Internet 模型构造流程

图 5-2 是监测系统 ISP-HEALTH 的 Internet 模型构造流程图。Internet 模型构造分为 3 个主要步骤，自上而下对应图 5-2 中 1～3 个子模块，具体过程如下。

（1）路由数据采集模块从多个来源采集 BGP 路由数据，例如 Route Views 数据、RIPE-NCC 路由数据，获取的数据存放在路由数据库中。视图融合采取并集的方式。显然，采集的数据越多构造的 Internet 模型也就越准确，数据来源可以有多种途径，具体实施时还可以从 looking glass 路由监测点获取数据或从自己建立的监测网络捕获数据。

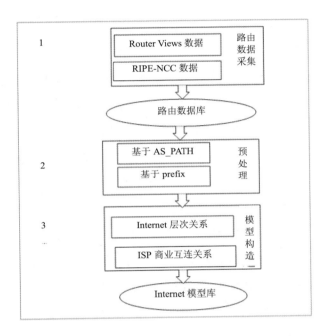

图 5-2　监测系统 ISP-HEALTH 的 Internet 模型构造流程图

（2）为了避免 Internet 模型生成模块处理大量无用信息，预处理模块对路由数据库中的路由信息进行预处理，采用 6 种基于前缀的预处理和两种基于 AS_PATH 的预处理。

（3）Internet 模型生成模块利用第三章 ISP 商业互联关系模型的构造算法和第四章 Internet 层次关系模型的构造算法来得到相应的 Internet 模型，并把这些模型数据存放在 Internet 模型库中。

5.3.2 采集数据和构造基本信息库

为建立完整可靠的 Internet 模型，ISP-HEALTH 需从 Route Views 的路由服务器和 RIPE-RCC 的路由服务器下载大量的 BGP 路由数据，以标准路由表的形式存放到路由数据库。获得的每个路由表是 Internet 拓扑和 ISP 互联结构的部分反映，整个路由数据库中大量路由表是多个路由节点的多视图信息。利用 BGP 路由表中的 AS_PATH（自治系统路径）信息，从多个单视图得到的全部 AS_PATH 集在逻辑上可认为构成了一个完整的 Internet 拓扑图 $G=(V, E)$，其中 V 为自治系统节点集，E 为节点间的连接集。对多路由视图进行融合的方法是直接对多个单视图获取的 BGP 路由数据中的 AS_PATH 取并集得到多视图 AS_PATH 集。

同时，从 IRR（因特网路由注册）和 RIR（地区因特网注册）获取 IANA（因特网号码分配机构）公布的已分配自治系统号、已分配 IP 地址块、自治系统号与 IP 地址块的映射这三类基本信息，并构造一个基本信息库来保存。路由数据库中的路由表包含的 IP 前缀、AS_PATH 中的自治系统，应该与基本信息库中已分配 IP 地址块、已分配自治系统号一致；路由表中 IP 前缀的宣告者（即 AS_PATH 中最后面的自治系统）应该符合基本信息库中自治系统号与 IP 地址块的映射关系。利用基本信息库一方面可对路由数据库中的信息进行预处理，一方面可对被监测网络的路由表进行一般性异常检测。

5.3.3 预处理路由数据

Internet 模型构造中的 Internet 模型构造模块需要处理大量的 BGP 路由数据，而路由数据库中有些 BGP 路由数据对生成 Internet 模型并没有意义。因此，在把路由数据库中的数据送到 Internet 模型生成模块前进行预处理去掉无关数据非常有必要。对在预处理过程中发现的常规异常路由数据的处理方法是将它们打上标记送到 BGP 异常数据库中保存。

针对 BGP 路由信息的不同部分，对 BGP 路由信息的预处理可分为基于前缀的预处理和基于 AS_PATH 的预处理。其中，需要进行基于 AS_PATH 的预处理路由和需要进行基于前缀的预处理路由共八种。处理方法如下。

基于 AS_PATH 的预处理路由共六种。

（1）处理含有私有自治系统号的 BGP 路由的方法为判断 BGP 路由的 AS_PATH 部分是否含有位于 64512～65535 的自治系统号（RFC1930 中定义）。如果存在，则把其送到异常数据库，因为这样的 BGP 路由不应该在域间路由系统中传播。

（2）处理含有未分配自治系统号的 BGP 路由的方法为利用基本信息库的信息来判断 BGP 路由的 AS_PATH 部分是否出现了未分配的 AS 号。如果存在，则把其送到异常数据库，因为这样的BGP 路由不应在域间路由系统中传播。

（3）处理含有自治系统环的 BGP 路由的方法为判断 BGP 路由的 AS_PATH 部分是否存在环路，如果存在，则把其送到异常数据库。这种 BGP 路由违背 RFC1771 中定义的循环避免规则，一般是由于管理员误使用 prepend 命令，其中某些 AS 邻居关系可能伪造，这样的 BGP 路由不应该在域间路由系统中传播。

（4）处理含有 AS-SET 部分的 BGP 路由的方法为检测 BGP 路由的 AS_PATH 部分是否含有 AS-SET 部分，如果存在，则把这样路由的 AS_SET 部分截去后送到 Internet 模型生成模块。这种BGP 路由是聚合路由，位于 AS-SET 部分中的自治系统号是无序的，不能从中得到 AS 邻居关系的信息，所以先对其预处理。

（5）处理含有连续重复自治系统号的 BGP 路由的方法为判断 BGP 路由的 AS_PATH 部分是否存在连续重复自治系统号。如果存在，则把其中连续重复的 AS 号去掉后送到 Internet 模型生成模块。许多 ISP 使用 prepend 命令把自身的 AS 号重复多次加到 AS 路径上，以降低这些路由被其他 ISP 选用的可能，从而实现负载平衡或链路备份。这些带有重复自治系统号的 BGP 路由数目庞大，重复信息对后面的 Internet 模型生成没有帮助，所以先对其预处理。

（6）处理 AS_PATH 部分为空的 BGP 路由的方法为判断 BGP 路由的 AS_PATH 部分是否为空。如果是，既不送到异常数据库，也不送到 Internet 模型生成模块。若一条 BGP 路由起始于某自治系统内，则在该自治系统内其 AS_PATH 部分为空。相对于后面的 Internet 模型生成，这种 BGP 路由所含信息可从其他 BGP 路由中得到。

基于前缀的预处理路由共两种。

（1）处理含有未分配前缀的 BGP 路由的方法为利用基本信息库的信息来判断 BGP 路由的前缀部分是否出现了未分配的前缀。如果存在，则把其送到异常数据库，因为这样的 BGP 路由不应该在域间路由系统中传播。

（2）处理含有私有地址的 BGP 路由的方法为利用基本信息库的信息来判断 BGP 路由的前缀部分是否出现了私有地址。如果存在，则把其送到异常数据库。私有地址在 RFC1918 中定义，这样的 BGP 路由并不应该在域间路由系统中传播。

§5.4 异常检测与报告模块

5.4.1 异常路由检测与报告流程

BGP 异常路由检测的核心是对来自被监测网络的 BGP 路由数据进行异常行为和路由攻击检测，过程为利用 Internet 模型库中的模型信息和相应的异常判定规则对监测点的数据进行异常检测，并把发现的异常路由保存到 BGP 异常数据库中；异常报告模块利用 BGP 异常数据库中的异常数据生成相应的异常路由报告。该过程分为异常检测和异常报告两个子步骤。

图 5-3 是 BGP 异常路由检测与报告流程图。自下而上分为 4 个步骤，按照实心箭头指示的方向进行。对应图 5-3 中的 1～4 步，具体方法如下。

（1）从多个监测点获取要监测网络的路由表数据，如图中监测点 A 和 B 等。

（2）路由数据经过一般性检测，在此过程中需要基本信息库中的信息，应用规则 a～d，发现普通的异常路由，将异常路由送到 BGP 异常数据库。

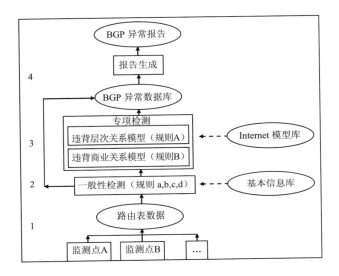

图 5-3　BGP 异常路由检测与报告流程图

（3）检测数据经过专项检测，在此过程中 Internet 模型库中的信息，应用规则 A 和 B，发现两种特定异常路由，将异常路由送到 BGP 异常数据库。

（4）异常报告生成模块对异常数据进行异常等级划分，并根据 BGP 异常数据库中的内容生成监测点的异常报告。

5.4.2　异常路由检测

异常路由检测分两步，先是一般性检测，再是专项检测。一般性检测是利用基本信息库中的信息去发现监测点的异常路

由，这是通常的检测方法所具有的能力。由于在模型建立和检测过程中利用了多视图信息，因此比其他方法发现的路由异常更加全面和准确。专项检测则是利用特定的 Internet 模型信息及相应的异常判定规则来检测异常，这是本系统所特有的检测能力。

1. 一般性检测

在这个过程中，主要是利用基本信息库的已分配自治系统信息、已分配 IP 地址块信息、自治系统-IP 地址块映射信息，对被监测网络的路由数据进行检测。按照以下 4 个规则进行一般性检测。

规则 a：被监测网络的路由表项中包含的 IP 前缀，如果没有在基本信息库定义，那么该路由判定为未授权使用地址块异常。

规则 b：被监测网络的路由表项中 AS_PATH 包含的自治系统号，如果没有在基本信息库定义，那么该路由判定为自治系统号劫持异常。

规则 c：如果路由表项中 IP 前缀与其发起者的关系不符合基本信息库中的自治系统-IP 地址块映射关系，则判定该路由为路由劫持异常。

规则 d：如果同一地址前缀有多个发起者，则判定该路由具有 MOAS（多来源自治系统）冲突。

将以上过程检测到的异常路由送到 BGP 异常数据库存放。

2. 专项检测

根据存放在 Internet 模型库中的模型数据，应用专门定义的异常判定规则，对被监测网络的路由数据进行专项检测。包括检测违背 Internet 层次关系模型的异常路由、违背 ISP 商业互联关系模型的异常路由。专项检测出来的异常路由要送到 BGP 异常数据库中保存。在这个过程中，本系统专门定义的异常路由判定规则如下。

规则 A——违背 Internet 层次关系模型的异常判定规则。

根据学到的 Internet 层次关系模型检测异常。在正常情况下，一条满足 Internet 层次特性的路由应该是先从低一层次爬升到高一层次，然后从高一层次降到低一层次；若一条路由通过核心层，由于核心层中的自治系统是全互联关系，该路由只通过一跳就可穿过核心层。因此，只要满足下面规则之一便违背了层次特性，称为违背 Internet 层次关系模型的异常判定规则。

（1）一条路由从高一层次降到低一层次后又回到高一层次。

（2）一条路由通过核心层用了两跳以上。

规则 B——违背 ISP 商业互联关系的异常判定规则。

根据已推断的 ISP 商业互联关系去检测路由异常。只要满足下面规则之一的便违背了 ISP 商业互联关系约束。

（1）一条路由在通过提供商到客户的正向边后又通过一条对等边。

（2）一条路由在通过提供商到客户的正向边后又通过一条客户到提供商的逆向边。

（3）一条路由在通过一条对等边后又通过一条客户到提供商的逆向边。

（4）一条路由在通过一条对等边后又通过一条对等边。

在判定路由的过程中，只要满足规则 A、B 中任何一条则认为是异常路由。

5.4.3　异常路由报告

异常路由报告模块处理由上述检测过程发现的存放在 BGP 异常数据库中的各监测点的各种异常路由信息，生成异常报告并提交给自治系统管理员或网络管理员。

ISP-HEALTH 把某个监测点的异常路由集称为该监测点的异常视图，而路由信息中的异常部分（如 AS_PATH 或路由前缀等）表现出来的不同类型称为该路由的异常模式。在通常情况下，多条异常路由会出现相同的异常模式，由此可识别异常路由的异常模式。根据异常模式出现的情况，可以把其所属的异常路由划分以下三个等级（严重程度：红色>橙色>黄色）。

红色：某异常路由的异常模式在 2 个以上监测点的异常视图中出现。显然，含有这种异常模式的异常路由是被多视图确认了的异常，是比较确定的路由攻击行为或路由系统配置问题。

橙色：某异常路由的异常模式只在 1 个监测点的异常视图中出现，但含有这种异常模式的异常路由较多（如数目>10）。这些异常路由没有被确认，是潜在的路由攻击隐患或路由系统配置问题。

黄色：余下的异常路由。没有被确认，可能是路由系统的配置问题。

标记异常等级的过程如下。

（1）分析 BGP 异常数据库中的信息，得到 AS_PATH 的异常模式集。

（2）统计每个异常模式在 BGP 异常数据库中的出现次数。

（3）记录每个异常模式出现在不同异常视图的数目。

（4）对于每个异常模式，寻找相应的异常路由，根据上面的规则把每条异常路由分为不同的等级（红、橙或黄）。

§5.5 监测能力比较

本监测系统与其他系统的监测能力对比，见表 5-1。表中展示了两大不同：一是本系统具有普通检测方法所没有的异常检

测能力，即可以检测出违背 Internet 层次关系模型和违背 ISP 商业互联关系模型的异常路由；二是与其他检测方法的单视图检测不同，本系统所有的异常检测能力都是基于多视图的，比其他方法更加全面和准确地进行异常判定。

表 5-1 监测能力对比

分类	具体类型	其他检测方法	本系统
无效路由	含私有地址	✓	✓*
	含未分配地址	✓	✓*
	含保留地址	✓	✓*
	含私有 AS 号	✓	✓*
	含未分配 AS 号	✓	✓*
	含 AS 环	×	✓*
异常路由	伪造路由	×	✓*
	违背层次关系	×	✓*
	违背商业互联关系	×	✓*
	MOAS 冲突	✓	✓*

注：✓表示具备该能力，×表示不具备该能力，* 表示具有多视图监测能力。

§5.6   本 章 小 结

本章详细介绍了域间路由监测系统 ISP-HEALTH 的设计及

实现方案，其中需要用到前面两章的 Internet 层次关系模型的构造算法和 Internet 层次关系模型的构造算法。由于在模型建立和检测过程中利用了多视图信息，因此比其他方法发现的路由异常更加全面和准确。专项检测则是利用特定的 Internet 模型信息及相应的异常判定规则来检测异常，这是本系统所特有的检测能力。

第六章

ISP-HEALTH 的数据建模

ISP-HEALTH 系统的数据模型包括基本信息库、Internet 模型库、BGP 路由信息库与异常库，BGP 路由信息库又包括 Internet 路由信息与异常库和本地 BGP 路由信息与异常库。基本信息库主要从 IRR 和 RIR 获取网络注册信息，包括 AS 信息列表、合法前缀库和前缀所有权集合；Internet 模型库是通过对大量 Internet 的路由表数据进行数据挖掘，建立用于异常规则检测的特殊模型，如 Internet 层次模型和商业关系模型；BGP 路由信息库主要从 Route Views、RIPE-NCC、Looking Glass 以及本地 BGP 路由器获取 BGP 路由表，将多个时刻的多个路由表进行基于前缀的预处理和基于 AS_PATH 的预处理后存入监测系统的数据库。

本章全面介绍了 ISP-HEALTH 的数据建模，给出了 ISP-HEALTH 数据库的详细设计。着重研究了路由表的数据库压缩算法：采用基于关系拆分的方法降低了单个路由表内部的数据冗余，实现了单个路由表内的压缩存储；采用基于时间戳的增量式压缩方法在多个路由表之间实现了压缩存储；进一步讨论了对压缩数据库的查询、分析和对多个路由表的联合分析检测方法。

§6.1 网络知识库的构造

根据 AS 的注册信息，建立一个 AS 基本信息数据表，用于存储所有运行的自治系统基本信息，见表 6-1。

表 6-1 自治系统基本信息

表项	数据类型	说明
AS_ID	整型	AS 号
NAME	字符串	ISP 名
CITY	字符串	所在城市
STATE	字符串	所在州、省
COUNTRY	字符串	所在国家
ISO_COUNTRY	字符串	所属 ISO 国家
continent	字符串	所在洲大陆
latitude	浮点数	纬度
longitude	浮点数	经度

表 6-1 中信息详细记录了每个 AS 的地理位置、所在地区、所属的 ISP 等，根据这些信息可以判断路由表中是否包含私有 AS、未分配 AS 等异常，还可以根据所属 ISP 名或所属国家进行战略性安全检测。

根据 AS 和网络 IP 地址的对应信息，建立一个 AS 与 IP 的映射表，见表 6-2。

表 6-2　AS 与 IP 的映射表

表项	数据类型	说明
PREFIX	字符串	网络 IP 地址
AS	整型	AS 号

根据 AS 号和网络 IP 地址的映射关系，可以发现路由表中的网络地址伪造和 MOAS 等异常路由。

§6.2　网络模型库的构造

研究 Internet 层次模型对路由安全有着非常重要的意义。建立合理的 Internet 层次模型能帮助定位各种域间路由问题，如一条路由的路径从高一层次降到低一层次然后又回到高层，这样的路由就是我们要检测到的一种异常路由，称为"违背 Internet 层次特性的路由"，其产生的一个常见现象就是"寄生流量"。

Internet 商业关系模型在网络安全与配置管理中发挥了重要的作用。第一，策略信息是 Internet 服务管理决策的关键，如决定代理服务器或者 Web 服务器的最佳位置；第二，它能帮助 ISP 或者域管理员解决负载平衡、拥塞避免等问题；第三，它能帮助 ISP 计划将来的商业契约合同；第四，它能帮助 ISP 发现网络实际运营中出现的各种问题，如违背了商业策略的路由；第五，它能了解 ISP 的策略信息，还能检验 Internet 路由登记处中信息的完整性。

6.2.1　Internet 层次关系模型

一般认为，顶级服务提供商的骨干网形成了 Internet 的核心，称为 DFZ 区域（default-free zone）。为了获得整个 Internet 的连通性，各个顶级服务提供商之间相互建立同级对等（peer-peer）商业互联关系，由此可构造一个 Internet 三级层次结构模型：核心层—转发层—边缘层。

推断 Internet 核心层这个问题可定义为：对于 Internet 的自治系统拓扑图 G，求图 G 中的最大全互联集。显然，这是个 NP 难问题。利用 Internet 拓扑中的自治系统的度信息，采用启发式方法推断核心层的组成与结构，具体过程如算法 6-1 所示。

算法 6-1 核心层构造算法。

输入：全部 AS_PATH 集（把全部 AS_PATH 集看成图 G）。

输出：核心层自治系统集 Tierl 1_AS_SET。

（1）Tierl 1_AS_SET=∅。

（2）计算图 G 中每个节点 v 的度，并把结果存放在一张信息表中；

（3）得到图 G 的最大度节点集；

（4）max_degree_nodes（G）={$v|d$（v）=max[d（v_1），d（v_2）…]，$v_1,v_2,\cdots\in V$}；

（5）如果|max_degree_nodes(G)|=1，设 z 为 max_degree_nodes（G）的唯一元素；

（6）如果|max_degree_nodes（G）|≠1，那么查看信息表选出一个元素 z，其中 $z\in$ max_degree_nodes（G），且 z 在信息表中历史记录的度不比其他元素小；

（7）Tier 1_AS_SET=Tier 1_AS_SET∪{z}；

（8）neighbor_set←得到图 G 中节点 z 的邻居集；

（9）从图 G 中得到节点集为 neighbor_set←的导出子图 G'；

（10）$G=G'$；

（11）如果图 G 满足条件 $|E(G)|\geqslant\alpha\dfrac{[|V(G)-1|]*|V(G)|}{2}$，则退出；

否则，返回到第（2）步。

对于边缘层的构造，若一个自治系统不为其他任何自治系统转发网络流量，则它称为边缘自治系统，它位于边缘层（最底层）。某自治系统若是边缘自治系统，则它在 AS_PATH 集中只会出现在 AS_PATH 的尾部。因此，对于某个自治系统，通过扫描所有 AS_PATH 就可以判断是否属于边缘自治系统集；利用每个自治系统的判别结果，就可得到边缘自治系统集，具体过程

如算法 6-2 所示。

算法 6-2 边缘层构造算法。

输入：全部 AS_PATH 集。

输出：边缘自治系统集 STUB_AS_SET。

（1）STUB_AS_SET←∅；

（2）得到自治系统列表 AS_LIST；

（3）对于 AS_LIST 表中的每个自治系统 v 重复（4）、（5）、（6）步；

（4）flag=0；

（5）检查所有 AS_PATH 集，如果 v 不在 AS_PATH 的尾部，则 flag=1；

（6）如果 flag=0，则把 v 加入边缘自治系统集 STUB_AS_SET。

识别出核心层和边缘层后，剩下的自治系统都归为转发层。在每个 AS 的属性列表里新增一个字段 layer，记录该 AS 所属的层次。

6.2.2   ISP 商业互联关系模型

一般认为，Internet 的自治系统之间存在三种基本的商业互联关系：提供商-客户关系（provider-customer），客户-提供商关系(customer-provider)，同级对等关系(peer-peer)等。基于本书

Internet 层次关系模型的构造方法，三种商业互联关系的构造过程如算法 6-3 所示。

算法 6-3 推断 ISP 商业互联关系模型算法。

输入：全部 AS_PATH 集，其中的路径 p 由自治系统序列组成，记为 $p = \alpha_1\alpha_2\cdots\alpha_2\cdots\alpha_n$，$1 \leqslant i \leqslant n$。

输出：自治系统对 $\langle\alpha,\beta\rangle$ 的关系集 RELATION-SET，其中 α，β 是 AS_PATH 中出现的任意自治系统号。

（1）利用算法 6-1 得到核心层 AS 集合 Tier 1_AS_SET，若 α，$\beta \in$ Tier 1_AS_SET，则 $\langle\alpha,\beta\rangle$ 记为 peer-peer 关系。

（2）从 AS_PATH 集中提取出含有 Tier 1_AS_SET 集合中元素的路径，这些路径构成集合 CORE_AS_PATH。

（3）若 $p \in$ CORE_AS_PATH，设 $\alpha_i \in$ Tier 1_AS_SET。

a. 把 p 中 α_i 左侧的所有 AS 对 $\langle\alpha_{j-1}, \alpha_j\rangle$（$j \leqslant i$）记为 customer-provider 关系。

b. 把 p 中 α_i 右侧的所有 AS 对 $\langle\alpha_j, \alpha_{j+1}\rangle$（$j \geqslant i$）记为 provider-customer 关系。

（4）若 $p \in$ AS_PATH_CORE_AS_PATH。

a. 若 p 中 AS 对 $\langle\alpha_{i-1}, \alpha_i\rangle$ 和 $\langle\alpha_j, \alpha_{j+1}\rangle$（$i < j$）为 customer- provider 关系，则把它们中间的所有 AS 对 $\langle\alpha_r, \alpha_{r+1}\rangle$（$i \leqslant r < j$）记为 customer-provider 关系。

b. 若 p 中 AS 对 $\langle \alpha_{i-1}, \alpha_i \rangle$ 和 $\langle \alpha_j, \alpha_{j+1} \rangle$（$i<j$）为 provider- customer 关系，则把它们中间的所有 AS 对 $\langle \alpha_r, \alpha_{r+1} \rangle$（$i \leqslant r < j$）记为 provider- customer 关系。

c. 重复（4）中 a、b 两步，直到没有发现新的 customer-provider 或 provider-customer 关系对。

（5）若 $p \in$ AS_PATH_CORD_AS_PATH。

a. 若 p 中 AS 对 $\langle \alpha_{i-1}, \alpha_i \rangle$ 为 customer-provider 关系和 $\langle \alpha_j, \alpha_{j+1} \rangle$ 为 provider-customer 关系（$i<j$），则把它们中间的所有 AS 对 $\langle \alpha_r, \alpha_{r+1} \rangle$（$i \leqslant r < j$）记为 peer-peer 关系。

b. 若 p 中 α_i 右侧的所有 AS 对 $\langle \alpha_j, \alpha_{j+1} \rangle$（$j \geqslant i$）为 provider-customer 关系且 α_i 左侧的所有 AS 对 $\langle \alpha_{k-1}, \alpha_k \rangle$（$k \leqslant i$）还没标记关系，则把 $\langle \alpha_{k-1}, \alpha_k \rangle$（$k \leqslant i$）都记为 peer-peer 关系。

c. 若 p 中 α_i 左侧的所有 AS 对 $\langle \alpha_{j-1}, \alpha_j \rangle$（$j \leqslant i$）为 customer-provider 关系且 α_i 右侧的所有 AS 对 $\langle \alpha_k, \alpha_{k+1} \rangle$（$k \geqslant i$）还没标记关系，则把 $\langle \alpha_{k-1}, \alpha_k \rangle$（$k \geqslant i$）都记为 peer-peer 关系。

§6.3　BGP 路由信息与异常库的构造

BGP 路由信息库包括 Internet 域间路由信息库和本地 BGP 路由信息库。BGP 路由信息库的构造是以原始的路由表和 Internet 模型库为基础的，包含原有的路由信息，并且标记了异常检测的结果。

BGP 转发表的数目已经从 2002 年的 130 000 条增长到 2006 年 5 月份的 245 000 条左右。如果要对某些路由系统进行长期监测，并对历史信息作分析统计，不断采集到的路由表将会使存储的数据量线性膨胀，变得非常庞大。为了对潜在的网络安全威胁进行更深入的数据挖掘，往往需要把不同地点或者不同时间采集的数据保存下来，进行联合的分析和检测，这样需要存储的 BGP 路由报文会非常多。对于 IP 数据报文，由于骨干网络的带宽已经达到 10 Gbps 以上，即使进行预处理和过滤操作，需要保存的用于安全检测的数据量仍然巨大。

信息量的这种爆炸式增长给当前的数据库管理技术带来了挑战。从硬件的角度看，目前对于这种海量数据进行存储与管理的主要方法是三级存储和并行存储。三级存储方法的硬件开销比较大，主要是通过扩充硬件设备来获取更大的存储空间，加大存储容量的同时也大大增加了查询的处理时间，降低了数据库的效率。并行数据库技术也是通过增加硬件开销来获取高速的处理，但是硬件处理能力的增长速度远远跟不上信息爆炸的速度。因此，当前对海量数据库更加经济的一种存储方法是从软件的角度对数据库里需要存储的数据进行压缩，于是人们提出了数据库压缩技术。数据库压缩技术可以提高海量数据的存储效率，也是提高数据库性能的重要途径。

　　从压缩效果来看，压缩技术分为有损压缩和无损压缩；从压缩的对象来看，压缩技术主要分为通用数据压缩和多媒体数据压缩。多媒体数据压缩技术主要用于视频和音频信号的压缩传输；通用数据压缩技术包括基于统计模型的压缩技术和基于字典模型的压缩技术，其中，基于统计模型的压缩技术有 Huffman 编码和算术编码等，基于字典模型的包括 LZ77、LZ78 和 LZW 等。Oracle 的开发者将成熟的字典压缩技术整合到数据库物理层中，改善了数据库的存储效率和整体性能。增量压缩是利用两个文件之间的内容差异来进行编码压缩，从而提高存储和传输文件的效率。把数据压缩技术应用到数据库的存储中，在访问时通常都要为数据解压缩耗费很多的时间。但是现有的这些压缩方法都没有充分利用网络路由数据的一些固有特性。

　　路由的相对稳定性使得同一个路由器的路由状态的改变符合时间局部性原理，两个相邻时间采集的路由表中存在大量的相同路由表项，因而各个数据表之间也存在着大量的数据冗余。相关的压缩存储方法多是对单个数据文件在更大的时间粒度上聚合或实现文件内部的压缩，没有针对多个数据集合数据文件之间的相似性提出有效的存储方案。

6.3.1　问题描述

关系数据库就是用关系数据模型描述的数据库，它的每个数据表的属性集合可以表示为一个关系。设 $R\langle X_1, X_2, \cdots, X_n\rangle$ 是一个 n 元的关系框架，其中 X_i 表示 R 的第 i 个属性。令 r 和 r' 为框架 R 上的两条具体记录，其中 $r = \langle x_1, x_2, \cdots, x_n\rangle$，$r' = \langle y_1, y_2, \cdots, y_n\rangle$，$r' = r$ 当且仅当对于 $\forall i \in \{1, 2, \cdots, n\}$ 都有 $x_i = y_i$。如果 $X_k \in \{X_1, X_2, \cdots, X_n\}$，将 R 在 $\{X_k\}$ 上的投影记为 $R\langle X_k\rangle$。现实的海量关系中常存在一些属性，关系在这些属性上的投影值域非常小，文献[4]把这样的属性组称为小值域属性组。

定义 1　若集合 A 和集合 B 是同一个关系框架 R 上的两个具体关系，则 A 和 B 互为 R 上的相似数据集。

定义 2　A 和 B 为两个非空相似数据集，$\#B = k$，$\#(A \cap B) = k'$，$\beta_{B \to A} = k'/k$，称 $\beta_{B \to A}$ 为集合 B 对集合 A 的冗余度。

一条域间路由可以由 $<\text{network}, \text{next\_hop}, \text{AS\_PATH}>$ 三个主要属性唯一标识。对某个域间路由器的路由状态进行监测，定期采集并保存该路由器在不同时刻的路由状态，采集路由器在三个不同时刻的域间路由状态见表 6-3。

表 6-3　采集路由器在三个不同时刻的域间路由状态

t_1			t_2			t_3		
network	next_hop	AS_PATH	network	next_hop	AS_PATH	network	next_hop	AS_PATH
1.0.0.0	202.12.6.2	{4538}	1.0.0.0	202.12.6.2	{4538}	1.0.0.0	202.12.6.2	{4538
3.0.0.0	202.12.6.4	{4538 80}	3.0.0.0	202.12.6.2	{4538 80}	4.0.0.0	202.12.6.2	{4538 1239 3356}
4.0.0.0	202.12.6.2	{4538 1239 3356}	4.0.0.0	202.12.6.2	{4538 1239 3356}	6.1.0.0	202.12.6.2	{4538 9407 668}
6.1.0.0	202.12.6.2	{4538 9407 668}	6.1.0.0	202.12.6.4	{4538 9407 668}	6.2.0.0	202.12.6.2	{4538 9407 668}
...	...	...	...	...	...	...	...	...

$R=\langle \text{network, next\_hop, AS\_PATH} \rangle$，$T=\{t_1, t_2, t_3, \cdots, t_K\}$。$A$、$B$ 和 C 分别为路由器在 t_1、t_2 和 t_3 时刻对应的关系 R 下的数据集。B 对 A 的冗余度 $\beta_{B \to A} = \#（A \cap B）/\#B = 2/4 = 0.5$。同样地，可以计算出 $\beta_{C \to A \cup B} = 0.75$。令 $r_1 = \langle 1.0.0.0, 202.12.3.2, 4538 \rangle$，$\cdots$，$r_7 = \langle 6.2.0.0, 202.12.6.2,（4538\ 9407\ 668）\rangle$，$K$ 个不同时刻的路由器见表 6-4。

表 6-4　K 个不同时刻的路由器

t_1	t_2	t_3	$\cdots$	t_K
r_1	r_1	r_1		$r_{1'}$
r_2	r_3	r_3	$\cdots$	$r_{2'}$
r_3	r_5	r_4		$r_{3'}$
r_4	r_6	r_7		$r_{4'}$
$\cdots$	$\cdots$	$\cdots$		$\cdots$

$S_1 = \{r_1, r_2, r_3, r_4\}$ ，$\cdots$ ，$S_K = \{r_{1'}, r_{2'}, r_{3'}, r_{4'}\}$ 。各时刻对应的路由器内部的 next_hop 和 AS_PATH 均可能存在大量重复的记录，关系在这几个属性上的投影结果都比较小，这些小值域属性组的存在使得数据关系中产生大量数据冗余。同时，同一个路由器路由状态的变化通常是连续的，两个相邻时间对应的路由器中存在大量的相同路由表项，因而各个路由表之间也存在着大量的数据冗余。随着 K 的不断增加，数据量呈线性增长，采用传统的存储结构将会使得数据库变得庞大并且效率低下。要解决这些问题，必须考虑到以下几点。

（1）怎样降低单个路由表内部的冗余，实现对单个路由表的压缩存储？

（2）怎样降低多个路由表之间的冗余，实现对多个路由表的压缩存储？

（3）怎样实现对压缩后的数据库的高效查询和访问？

6.3.2　关系规范化与单个路由表内的压缩存储

由于小值域属性组的存在使得数据集内部存在多余的数据相关性，产生大量数据冗余。若能将这些小值域属性从数据关系中拆分出来，对数据库的关系模型进行规范化处理，就可以消除由它们引起的该类冗余。

为了提取小值域属性 X_k，可以将关系 $R\langle X_1,X_2,\cdots,X_n\rangle$ 拆分成两个关系 R_1 和 R_2，使得 R_1 和 R_2 的属性集合分别包含 $\{X_1,X_2,\cdots,X_n\}-\{X_k\}$ 和 $\{X_k\}$。引入单射 $\psi:R\langle X_k\rangle\to N$，用它作为 R_1 和 R_2 之间的连接属性，实现关系拆分后的字典索引。于是，可以把 R 拆分成 R_1 和 R_2，其中，$R_1=R\langle X_1,\cdots,X_{k-1},\psi,\ X_{k+1},\cdots,X_n\rangle$，$R_2=R\langle\psi,X_k\rangle$，并将属性 ψ 定义为 R_2 的主键，其拆分索引如图 6-1 所示。

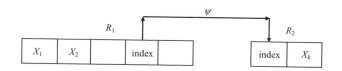

图 6-1　对小值域属性的关系拆分

设属性 X_k 的宽度为 w，新增属性 ψ 的宽度为 v，关系拆分前

X_k 所需的空间为 mw，拆分后 ψ 和 X_k 一起所需的空间为 $mv + m'(w+v)$，压缩前后所需的空间比为

$$\gamma = mw/[mv + m'(w+v)] \qquad (6\text{-}1)$$

根据前面定义 1 可知，$\lambda = m'/m$，因而有

$$\gamma = w/[v + \lambda(w+v)] \qquad (6\text{-}2)$$

当 $\gamma = w/[v + \lambda(w+v)] > 1$ 时，拆分关系是合理的。由于路由的 AS_PATH 包含的 AS 可能超过 10 个，我们在数据库中给 AS_PATH 属性分配的宽度为 50 B，ψ 是用一个 4 B 的整数表示。拆分表 6-3 中第一个路由表的关系：$R_1 = R\langle \text{network}，\text{next\_hop}，\psi \rangle$ 和 $R_2 = R\langle \psi，\text{AS\_PATH} \rangle$，于是 $\gamma = 4 \times 50/[4 \times 4 + 2(50+4)] = 200/124$，AS_PATH 所需的空间降低了将近一半。

6.3.3　多路由表的压缩存储

对于 K 个相似数据集，根据数据集的属性构造关系数据模型，定义关系框架 $R\langle X_1, X_2, \cdots, X_n \rangle$，其中 X_i 表示 R 的第 i 个属性。原来的 K 个相似数据集变成了关系框架 R 上的 K 个具体关系 S_1，S_2，$\cdots$，S_K，分别为每一个数据集指派一个状态标识 STAMP[1]= "1"，STAMP[2]= "2"，$\cdots$。为每条记录增加一个状态标记序列字段 stamp，用来标记该条记录在哪些数据集中存在，以此来记录该条记录的活跃状态，将 S_1，S_2，$\cdots$，S_K 逐个压缩到数据库的

同一个表中。由于只是通过扩展字段 stamp 将多个数据集映射到同一个压缩数据集，使那些在多个不同数据集中有重复出现的记录只在压缩数据集中出现一次，从而实现了多个数据集之间的压缩。

令 $R_1=\langle X_1,X_2,\cdots,X_n\rangle$，$R_2=\langle \text{stamp}\rangle$，stamp 是一个字符串，$R=R_1\times R_2$。$S_1$，$S_2$，$\cdots$，$S_K$ 互为关系框架 R_1 上的相似数据集。S_0 是关系框架 R 上的具体关系，作为 S_1，S_2，$\cdots$，S_K 的压缩集，用来记录压缩之后的数据集，其初始值为空集。结合状态标记序列，先后将 S_1，S_2，$\cdots$，S_K 逐个压缩存入数据库，压缩存储过程如算法 6-4 所示。

算法 6-4 基于时间戳的增量式压缩算法。

输入：关系框架 R_1 上的 K 个相似数据集 S_1，S_2，$\cdots$，S_K，数据集的状态标记标识 STAMP[1]="1"，STAMP[2]="2"，$\cdots$。

输出：带状态标记序列的压缩数据集 S_0，S_0 是关系框架 R 上的具体关系。

（1）S_0 初始时是一个空集；

（2）$i=1,2,\cdots,K$，重复执行以下（3）、（4）、（5）、（6）步；

（3）$j=1,2\cdots$，$\#S_i$（数据集 S_i 的元素个数），重复执行以下（4）、（5）、（6）步；

（4）从数据集 S_i 中任取一个元素 r，并将 r 从 S_i 中去除；

（5）如果存在 $r'\in S_0$ 使得它的各个属性值都与 r 相同，即

$r'x_1 = rx_1,\ \ r'x_2 = rx_2,\ \ \cdots,\ \ r'x_n = rx_n$，则修改 r' 对应的状态标记序列：
r'stamp $= r'$stamp$+$STAMP$[i]$；

（6）否则，构造一个新的 stamp，stamp$=$STAMP$[i]$，把$\langle r,$ stamp$\rangle$作为一条新的记录添加到 S_0 中。

对压缩数据库使用简单的查询语句，从数据库中选出所有的 stamp 属性值中包含 STAMP$[i]$的记录，便可恢复出初始的所有数据集 S_i $(1 \leqslant i \leqslant K)$，无须额外的解压开销，因而实现了对压缩数据的无损解压。

6.3.4　路由信息库的构造

根据检测的需要，将关系框架扩展为一个十元序偶，除记录一条路由的详细属性之外，还要为每条路由增加一个时间戳标记序列和一个异常标记字段，见表 6-5。

表 6-5　路由数据表

terms	type	remarks
key_ID	整型	索引号
prefix	字符串	网络前缀
prefixlen	整型	前缀长度
nexthop	字符串	下一条地址
AS_PATH	字符串	AS 路径

（续表）

terms	type	remarks
PATH	字符串	去除冗余的 AS 路径
DAS	整型	目的 AS 号
state	字符串	路由状态
stamp	字符串	时间戳标记序列
abnormtag	字符串	异常标记

key_ID 作为主键索引，prefix 和 prefixlen 分别记录了一条路由所宣告的目的网络地址和前缀长度，nexthop 是该路由下一条的 IP 地址，AS_PATH 是原始的 AS_PATH 属性值，PATH 是去除重复 AS 后的 AS_PATH，SAS 和 DAS 分别记录了该路由的源 AS 和目的 AS，state 记录了该条路由的状态，abnormtag 记录了该路由的异常检测结果；stamp 是时间戳标记序列，用于时间序列上数据的压缩存储，并记录该路由的存在和活动记录。

6.3.5 对多个路由表的联合检测

利用状态标记序列 stamp 中记录的历史状态信息，对多个相似数据集可有效实现以下四种基本的联合检测（设压缩数据集为 S_0）。

（1）判断某个数据项在两个数据集 S_i 和 S_j 内是否一致的方法

是：在压缩数据库中采用关键字找到满足某种属性特征的记录，如果其 stamp 中同时包含 STAMP[i]和 STAMP[j]，则该数据项在两个数据集内一致；否则，该数据项在两个数据集内不一致。

（2）获得两个数据集 S_i 和 S_j 数据项差异的方法是：将 S_0 中所有只包含 STAMP[i]或者 STAMP[j]的 stamp 记录取出来，记为 S'，则 S' 中包含的每条记录都只在 S_i 和 S_j 中单独出现，显然，S' 就是 S_i 和 S_j 的数据项差异。

（3）判断某个数据项 r 在全过程的稳定性的方法是：将 r'stamp 取出，如果 r'stamp 包含了所有数据集的状态标识，说明 r' 在每个数据集里都有出现，则可认为 r' 在全过程是稳定的；如果 r'stamp 包含了部分数据集的状态标识，说明 r' 只在部分数据集里有出现，则可认为 r' 在全过程是不稳定的。

（4）得出全过程发生变化的数据项的方法是：如果一条记录在全过程都是稳定的，则该条记录对应的状态标记序列必然包含所有数据集对应的状态标识。将 S_0 中所有 stamp 中没有全部包含所有数据集的状态标识的记录取出来，记为 S'，S' 就是所有在全过程发生变化的数据项。

以上四种基本的检测方法，既能通过数据集之间的比较对数据集的相似性和稳定性进行分析，又能根据状态标记序列对单条记录进行稳定性分析，还能实现更加复杂的联合检测功能。

例如，将以上方法应用到路由表的压缩数据库中，可以对路由表的变化、路由表的稳定性、单条路由的稳定性等进行联合分析与比较，还可以通过对不同数据集的互相参照发现更加隐蔽的网络安全问题；或者一个数据集中发现的异常通过其他的数据集进一步确认，以提高网络安全检测的准确性，降低漏报率和误报率。

§6.4　本　章　小　结

本章阐述了 ISP-HEALTH 的数据建模，并着重论述了路由信息库的构造和压缩算法。利用路由变化的时间局部性，将多个路由表通过时间戳增量式压缩到数据库的同一个表中，既实现了路由表的压缩存储，又实现了对数据库的高效查询和多个路由表之间的联合检测。

第七章

路由状态可视化

可视化是将数据用适当的可视图样进行显示，以直观地揭示隐藏数据结构特征的技术。BGP 路由表庞大而复杂，包含了到达 Internet 中任何子网的路由信息，从不同方面对其内容进行可视化处理，能揭示出路由表隐藏的 Internet 拓扑结构和规模等方面的特征，起到观察和监测 Internet 的作用。ISP-HEALTH 根据用户对路由信息和异常库的查询请求，由可视化引擎生成路由状态拓扑信息，并且标记路由的安全状态。

本章介绍的拓扑布局算法用于自动生成可视化骨干网络拓扑结构，构画 ISP 商业关系互联图、地理关系互联图、ISP 邻居关系图、特定网络和关键路由的路由状态图、路由属性变化图。动态显示路由系统的安全状态，提供分等级的告警机制和警报显示界面，为路由系统的行为控制和路由攻击响应提供必备的图形化操纵手段。由于规模庞大，实时的拓扑展示面临了极大的挑战，要求拓扑的布局算法实时高效。

§7.1 引　　言

拓扑图的展示有一些通用的衡量标准，一个杂乱无章的拓扑图不能很好地揭示图中隐含的信息，以下是从审美的角度得到的一些衡量标准。

（1）点在显示区域内平均分布。

（2）点和边界距离不会太近。

（3）边长平均。

（4）边的相交对数少。

（5）点和边的距离不会太近。

（6）能反映出对称关系。

（7）连接同一节点的各边夹角平均。

在实际的应用中可能要对以上的标准有所取舍，或者增加额外的衡量标准，在我们的网络拓扑图中，边长不一定要求平均。对于那些度数比较大、邻居数比较多的点之间的边可以长一些，点也不一定要求平均分布，对于那些只有一个邻居的节点，可以将它们分布在自己邻居的周围。

拓扑的布局算法在图论和拓扑学领域都有广泛的研究。其中，力学计算模型由于计算简单，迭代的过程比较容易控制，而且能够揭示整个拓扑的对称性，在实时拓扑布局算法中占据了主导地位，主要包括弹簧力学模型和磁场力学模型。但是，力学模型在拓扑展示的效果上还有缺陷。模拟退火算法和遗传算法都是用来解决大规模组合优化的迭代算法，通过随机性来缩减搜索空间，以加快迭代的收敛过程，并能在理论上保证结果的最优。由于都是基于概率的，算法并不能保证在有效的时间以内得到系统的最优解，尤其是对大规模的问题。所以模拟退火和遗传算法在求解大型的搜索优化问题时通常只能用于设计而不能用于实时拓扑展示计算。

在弹簧力学模型和磁场力学模型的基础上，本书提出了一种改进的力学模型：基于弹簧-磁场的力学计算模型，该算法用于 ISP-HEALTH 的实时拓扑展示中，很好地揭示了网络拓扑的无尺度特性和小世界特性。对模拟退火进行改进，将其用于大规模网络的静态离线拓扑展示。

§7.2 基于弹簧-磁场的力学计算模型

把网络看成一个拓扑图 G，$G=(V,E)$，V 是网络节点的集合，E 是节点之间的连接的集合。给定一条 AS_PATH，PATH=$\langle as\_1, as\_2, \cdots, as\_n \rangle$，其中 as_1 是源 AS 节点，as_n 是目的 AS 节点。PATH 所包含的 AS 节点为 $\{as\_1, as\_2, \cdots, as\_n\}$，从 PATH 提取到的邻居关系集为 $\{\langle as\_1, as\_2 \rangle$，$\langle as\_2, as\_3 \rangle, \cdots, \langle as\_i, as\_i+1 \rangle$，$\langle as\_n-1, as\_n \rangle\}$，其中，$\langle as\_i, as\_i+1 \rangle$ 是从 as_i 到 as_i+1 的连接。网络 AS 级的拓扑可以表示为一个图 G，$G=(V,E)$，V 是图的点的集合，这里指 AS 节点，E 是图的边的集合，这里指 AS 节点之间的连接。AS 节点之间的连接关系可以等价于相互之间的作用力，通过各节点的受力情况计算节点的位移。

弹簧模型和磁场模型是用不同的力学模型来模拟多个节点之间的相互作用。弹簧模型把拓扑中的每个节点看作质点，把节点之间的连接看作一根弹簧，稳定状态下，各质点之间的作用力均为零，弹簧处于绝对松弛状态，此时弹簧的长度即为弹簧的自然长度 L。对于大多数情况，稳定状态下的拓扑展示效果都是比较好的。令弹簧的当前长度为 d，根据弹簧的受力计算：

$$F_1 = K_1 \times (d - L)$$

其中，K_1 为弹簧的弹性系数。弹簧的受力如图 7-1 所示。

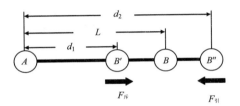

图 7-1　弹簧的受力分析

在弹簧模型中，如果两个节点之间不存在连接关系，则它们对应的两个质点之间就不存在受力关系，不相邻的节点之间无法对彼此之间产生作用力。磁场模型可以模拟点与点之间的斥力和引力，而这些点之间并不一定需要有连接关系，同时，磁场模型还可以模拟边与边之间的作用力，这不仅可以避免边与边之间的相交，而且在绘制有向图的时候也是至关重要的。

　　为防止两个节点在位置上重叠或靠得太近，需要在它们之间引入相互作用的斥力。当两个节点之间的距离 d 小于 D 时，斥力为

$$F_2 = K_2/(D-d)^2 \qquad （7-1）$$

　　每个节点都根据所受的合力 F 来计算它的位移 $\Delta S = K_3 F$，迭代多次以后，系统逐步趋于稳定状态。基于弹簧-磁场斥力模型的迭代算法 SMIteration 如算法 7-1 所示。

　　算法 7-1 基于弹簧-磁场斥力模型的迭代算法。

　　IterationNum：迭代的次数；

　　$G = (V, E)$：V 是网络节点的集合（节点的初始位置 v.pos 随机确定），E 是边的集合；

　　L：边的自然长度；

　　D：点之间的最小距离，小于这个距离时，斥力开始生效；

　　K_1、K_2、K_3：常数；

　　for　i := 1　to　IterationNum　do begin

　　　　For v in V do

　　　　　　v.f = 0

　　　　　　for e（v ∈ {e.vi, e.vj}）in E（假设 v = e.vi）do begin 　　//计算弹簧力

　　　　　　　　Δ = v.pos - e.vj.pos 　　//计算两点的距离向量

$$v.f = v.f + K_1 \cdot \Delta$$

end

for v′ (v′ ≠ v) in V do begin   //计算磁场斥力

$\Delta=v.pos-v'.pos$

if $(|\Delta|<D)$ then begin

$$v.f = v.f + \Delta \cdot K_2 / |\Delta|^3$$

end

end

$v.pos = v.pos + K_3 \cdot v.f$ //根据位移计算节点位置

end

end

考虑拓扑图 $G = (V, E)$ ，其中点的集合 $V = \{0,1,2,3,4,5,6,7, 8,9\}$ ，边的集合 $E = \{\langle 0,1\rangle, \langle 1,2\rangle, \langle 1,6\rangle, \langle 1,7\rangle, \langle 1,8\rangle, \langle 1,9\rangle, \langle 2,3\rangle, \langle 2,6\rangle, \langle 3,4\rangle, \langle 4,5\rangle, \langle 5,6\rangle\}$ ，得到的拓扑布局图如图 7-2 所示。

初始时各个节点的位置是随机给定的，如图 7-2（a）所示，拓扑图并没有清晰地展示各个节点之间的关系；如果不引入磁场斥力模型，不同的节点位置可能过近甚至重叠，如图 7-2（b）所示；图 7-2（c）是采用弹簧-磁场力学模型迭代的结果，更清楚地展示了图的真实拓扑结构。由于力学模型计算过程简单，迭代能在短时间内完成，展示的效果也不错，而且能够揭示整个拓扑的对称性，更重要的，它的简单性使得它可以用于实时性的大规模拓扑展示。

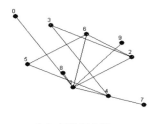

（a）初始拓扑图

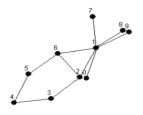

（b）弹簧力学模型

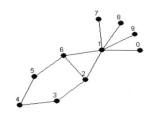

（c）弹簧-磁场力学模型

图 7-2　拓扑布局图

§7.3　模拟退火算法

　　模拟退火算法是用来解决大规模组合优化的迭代算法，通过随机性来缩减搜索空间，以加快迭代的收敛过程，并能在理论上保证结果的最优。由于算法的收敛性是基于概率的，并不能保证在有效的时间内得到系统的最优解，尤其是对大规模的问题。所以模拟退火算法和遗传算法在求解大型的搜索优化问题时通常只能用于设计而不能实时计算。在这里，我们可以用在预处理阶段对骨干 AS 互联，以生成好的拓扑结构。

模拟退火算法包括几个要素：初始状态，一般可以随机选取；产生规则，怎么样获取邻居；目标函数，也叫能量函数，度量解的优劣性；降温的策略，怎样降温使得算法能在合理的时间内收敛；终止条件，用于判断是否结束退火过程。过程如算法7-2。

算法 7-2 模拟退火算法。

（1）选择一个初始状态 σ 作为当前解，并设定一个初始温度 T。

（2）for $i = 1:N$，重复第（3）（4）步。

（3）从 σ 的邻域中选择一个新的状态 σ'。

（4）E 和 E' 分别是 σ 和 σ' 所对应的能量函数值，如果 $E'<E$ 或者 random$<e^{(E-E')/T}$（random 是一个 $0\sim1$ 的随机数），则 $\sigma \leftarrow \sigma'$；

（5）降温，将 T 减小。

（6）如果还不满足终止条件，重复第（2）～（6）步。

将模拟退火算法用于本系统的拓扑展示，各部分的要素定义如下。

（1）初始状态：各点的位置可以随机获取。

（2）邻域：此处定义为改变一个点的位置之后得到的状态集。因此，生成新状态的规则就和节点个数相等。在生成邻近状态时，将被改变的点移到其周围的圆周上，这个圆周的半径不断减小，以此可以加快算法的收敛。

（3）能量函数：模拟退火算法最重要的一步就是确定代价函数，即能量的定义。根据前面定义的标准，考虑以下几个子目标。

a. 点的分布：一个明显的标准就是点是否均匀分布在绘制空间之内。由此考虑各点之间的距离是否平均，分布不能太拥挤但又不能过于稀疏。这些目标通过两个能量函数来实现，第一个可以防止点与点之间距离太近，第二个用来处理点与边界的距离问题。对于每一对节点 i, j，点的期望平均距离为 d，如果 $d_{ij} < d$，则

$$a_{ij} = \frac{\lambda_1}{d_{ij}^2} \qquad （7\text{-}2）$$

否则，$a_{ij} = 0$。目标函数加上每一个 a_{ij}，d_{ij} 是 i 和 j 之间的欧氏距离，λ_1 是权因子。对于边界，有

$$m_i = \lambda_2 \left(\frac{1}{r_i^2} + \frac{1}{l_i^2} + \frac{1}{b_i^2} + \frac{1}{t_i^2} \right) \qquad （7\text{-}3）$$

b. 边长

$$c_k = \lambda_3 |d_k - L| \qquad （7\text{-}4）$$

式中，d_k 为边长；L 为期望边长。

c. 边的相交：每增加一对相交边，增加一个 λ_4。

d. 点边距

$$h_{kl} = \frac{\lambda_5}{g_{|kl|}^2} \qquad (7\text{-}5)$$

综合公式（7-2）、（7-3）、（7-4）、（7-5），可以得到总体的能量函数。各个子目标函数的参数大小可以调节，使得模拟退火算法能够灵活地调节拓扑显示的效果，以适应不同的展示要求。

（4）退火策略

a. 初始温度：由于初始状态是随机设定的，初始温度应该足够高，使得退火过程能够开始，通常取一个经验值。

b. 退火：什么时候退火，怎么退。从经验上得出，退火次数设为节点数目的 30 倍。

$$T_{p+1} = \gamma T_p, \quad \gamma = 0.75 \qquad (7\text{-}6)$$

c. 终止条件：能量最小，或者退火次数已经超过设定值。

遗传算法需要先将问题进行编码，每个状态对应于一串编码，通过对编码的杂交和变异不断产生新的状态，最后求得最优解。给予足够的计算时间，模拟退火算法和遗传算法在理论上都能生成最佳拓扑。

§7.4 本 章 小 结

　　针对网络拓扑的动态实时展示，本章提出的一套改进的弹簧-磁场力学计算模型，继承了弹簧力学模型和磁场力学模型的优点，效果图很好地展示了网络的小世界特性和幂律特性；用于拓扑展示计算的模拟退火算法能满足更多展示的要求，但由于这种算法在大规模拓扑展示计算中收敛速度比较慢，通常将它们用于大规模拓扑的离线静态拓扑展示。

第八章

ISP-HEALTH 系统运行和数据分析

§8.1　ISP-HEALTH 系统运行

8.1.1　运 行 配 置

图 8-1 展示了监测系统 ISP-HEALTH 的网络连接示意。路由异常检测系统与 Internet 的互联有两类连接，第一类连接是与 Route Views 和 RIPE-NCC 等路由服务器的连接，通过 HTTP 或 FTP 服务实现；第二类连接是与被监测网络的路由节点如监测点 A、监测点 B、监测点 C 等的连接，可以通过 Telnet 或 FTP 实现，从被监测网络的路由器获取 BGP 路由表数据，如果被监测网络的路由器支持基于 WEB 的网管，也可以采用 HTTP 连接下载 BGP 路由表，用来进行路由异常检测。

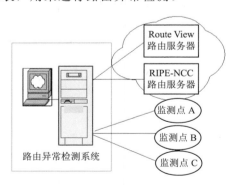

图 8-1　监测系统 ISP-HEALTH 的网络连接示意图

在本书的实际工作中，监测系统 ISP-HEALTH 通过 Perl 语言实现[61][62][63]，可在装有 Perl（v5.0 以上的版本）上的 Solaris、FreeBSD（v4.5 以上）、Linux、Windows 等多种平台上运行。在本书的工作中主要实现的功能是对异常路由的检测，这是本系统中的核心功能。

在下一小节展示了 ISP-HEALTH 的运行结果。实验数据来自 Route Views 项目，监测点数据使用的是 AS1 的路由数据。

8.1.2　运 行 结 果

ISP-HEALTH 根据指定目录中的 BGP 路由表数据主要生成三个报告文件。这三个报告文件分别为：通过原始数据生成的 Internet 层次模型报告和 ISP 商业互联关系模型报告，以及针对监测数据生成的监测点异常路由报告。需要说明的是这些报告的内容都比较多，这里只给出了结果的部分截取图。

Internet 层次模型报告片段如图 8-2 所示。该报告的内容是 Internet 层次关系模型，图中报告的内容有三列，第一列是自治系统号，第二列是该自治系统在 Internet 层次关系模型中的位置，第三列是自治系统的邻居数。从中可以看到，自治系统 701 位于第 0 层（顶级），其邻居数多达 2394 个。关于 Internet 层次模型分析，具体见本章的 8.2 小节。

The Report of the Internet Hierarchy

ASN Hierarchy Degree

```
701    0    2394
1239   0    1782
7018   0    1724
209    0    1055
3356   0    1042
3549   0    673
2914   0    622
3561   0    616
6461   0    570
3303   0    462
2828   0    284
8075   0    191
293    0    107
702    1    536
4513   1    507
7132   1    459
4323   1    415
8220   1    379
13237  1    363
3292   1    312
```

图 8-2　Internet 层次模型报告片段

ISP 商业互联关系模型报告片段如图 8-3 所示，该报告的内容是 ISP 商业互联关系，图中报告的内容按每个自治系统来进行划分，每个自治系统都有提供者（providers）、客户（customers）、同胞（siblings）及对等者（peers）四项内容。如，自治系统 AS33

有 4 个提供者分别为 6461、2548、701 和 2497，没有客户、没有同胞（我们使用的算法没考虑它），有 4 个对等者分别为 4513、5650、6079 和 6939。

```
The Report of the Internet AS-relationship
--------------------------------------------------
Item NUM ASN
--------------------------------------------------
AS33:
providers    :#4: : 6461: 2548: 701: 2497:
customers    :#0: :
siblings     :#0: :
peers        :#4: 4513: 5650: 079: 6939:
AS35:
providers    :#1: : 209:
customers    :#1: : 5691:
siblings     :#0: :
peers        :#0: :
AS38:
providers    :#5: : 7228: 2516: 4181: 6325: 6327
customers    :#3: : 698: 1224: 65006:
siblings     :#0: :
peers        :#10: 22335: 11867: 4323: 4436: 4513: 600
AS57:
providers    :#3: : 11537: 7911: 3356:
customers    :#1: : 1998:
siblings     :#0: :
peers        :#0: :
```

图 8-3　ISP 商业互联关系模型报告片段

监测点异常路由报告，由于该报告中的项目和内容都很多，通过下面三个报告片段来展示。图 8-4 中展示的是环形异常路由

互联网 BGP
路由系统安全监测技术

的报告情况，图 8-5 展示的是违背 Internet 层次关系模型的异常路由报告情况，图 8-6 展示的是违背 ISP 商业互联关系模型的异常路由报告情况。图 8-5 所示报告中可看到路径 1 701 702，从层次模型中我们可知 AS1、AS701 为 0 级，AS702 为 1 级，但是 AS1 与 AS702 直接相连的没有必要再一次通过 AS701；还有路径 1 3356 8220 12878 5606 8503，AS1 通过 AS12878 到达 AS8503，而 AS12878 的级别要比 AS1 和 AS8503 低，这样的路由显然有问题。

```
Abnormal AS_PATH REPORT---Breaking Loop At
----------------------------------------------------------
abnormal AS_PATH num:      4892
Special ab AS_PATH num:    4
abnormal Pattern num:      4896
abnormal AS num:           12
----------------------------------------------------------
The abnormal pattern & repeated times: (Total)
----------------------------------------------------------
1 3356 1   #   22
11423 2152 11423   #   155
12390 21390 12390 21390 12390   #   4
16631 174 16631   #   4578
21287 21278 21287   #   3
21390 12390 21390   #   4
22894 22849 22894   #   7
30284 68 30284   #   9
30285 68 30285   #   23
30495 30405 30495   #   16
4802 1221 4802   #   20
766 288 766   #   55
```

图 8-4　环形异常路由报告

Abnormal AS_PATH REPORT---Breaking Internet Hier

----

abnormal AS_PATH num: 536

----

1   701 702

1   3549 9916 703

1   3356 8220 12878 5606 8503

1   3356 9057 6774 8513 8751

1   3356 8220 12878 5606 8503

1   3356 8220 12878 20606 9005

1   701 702 8708

1   3356 8220 12878 20606 8503

1   3356 8220 12878 5606

1   3356 8220 12878 5606 15882

1   3356 8220 12878 5606 8503

1   3356 8220 12878 20606 9005

1   3356 8220 12878 5606 15882

1   701 702 8708 15400

1   3356 8220 12878 5606

1   3356 8220 12878 5606

1   3356 8220 12878 5606 12674

1   3356 8220 12878 5606 12439

图 8-5   违背 Internet 层次关系模型的异常路由报告

```
Abnormal AS_PATH Report---breaking AS relationship
----------------------------------------------------------------------
abnormal AS_PATH num:      241
----------------------------------------------------------------------
1    701 703 4628 151
1    3549 4755 9829
1    7018 5727 4134
1    174 3291 15648
1    174 3291 15649
1    174 3291 15650
1    174 3291 15651
1    1239 9505 9739
1    7176 5388 6656
1    7176 2871 8469
1    7176 5388 6656
1    2497 10015 9351
1    7018 5727 4134
1    4637 9901 4768 9245 18209
1    1239 6762 20959 1913 1984
1    7176 12885 8785 3344 24765
```

图 8-6   违背 ISP 商业互联关系模型的异常路由报告

§8.2   运行实例与数据分析

在本节中，我们将详细讨论域间路由监测系统 ISP-HEALTH 的异常检测运行实例、可视化实例和异常检测数据结果分析。

8.2.1　异常检测的主界面

ISP-HEALTH 运行的异常检测界面如图 8-7 所示。用户可以根据自己的检测需求对被检测 AS 或目的网络进行检测。

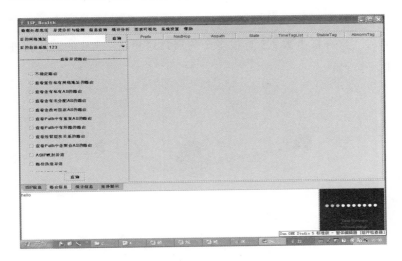

图 8-7　ISP-HEALTH 运行的异常检测界面

系统提供了一系列的检测功能，如检测不稳定路由、宣告私有网络地址的路由、路径伪造异常的路由、含敌对国家 AS 的路由等。

8.2.2　可视化实例

（1）网络 AS 互联关系。从某个 BGP 路由器获取其 BGP 路由表，构建如图 8-8 的网络拓扑图。从图 8-8 可见，AS 7018 拥有最多的邻居数，大部分 AS（自治系统）节点都只有少数几个邻居，只有极少数 AS 有很多个邻居，这和 AS 连接的幂律特性是一致的。

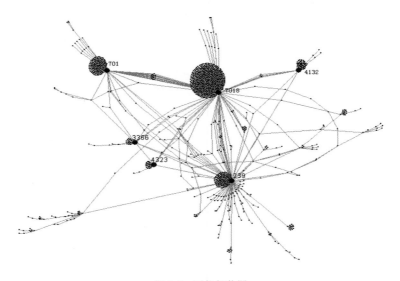

图 8-8　网络拓扑图

（2）ISP 商业互联关系。ISP 间可建立提供商-客户（provider-customer）、对等（peer-to-peer）、同胞（sibling）等多种商业互

联关系，不同关系采用不同颜色和类型的线段区分。

（3）邻居关系图。对特定的自治系统显示其 BGP 邻居关系及其属性。如图 8-9 所示，考察的自治系统 AS 1221 位于星形结构的中心，与其他 AS 建立多种类型的 BGP 邻居关系。

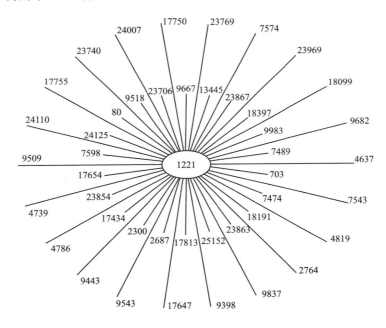

图 8-9　AS 的 BGP 邻居关系图

（4）路由安全状态。异常路由和路由攻击构成路由安全状态。安全态势直观展示路由安全检测的结果，具体信息包括：路由宣告/撤销数目，不可达网络，黑洞路由攻击，路由不稳定源；

不可达网络数目和不可达网络的地理分布，可达性变化情况，路由的不稳定性的地理分布；不稳定网络和不稳定 AS 列表；等等。一个特定网络的路由状态变化实例图如图 8-10 所示。

动态展示路由系统攻击行为，可视化路由毒素扩散和消解过程，对网络安全监测技术的研究和监测点的部署具有重要作用。

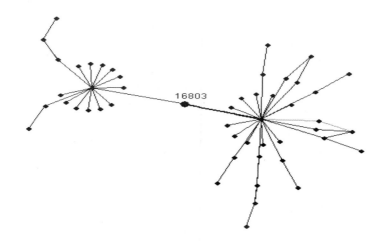

图 8-10　一个特定网络的路由状态变化实例图

（5）特定网络和关键路由的监视图。为了考察域间路由的传播关系，构造图 8-11 所示的路由输入图，即传播到本 AS 的某个路由经过的路径；与此相反，构建反向的路由扩散图，即某个 AS 向外宣告的路由经过的路径。

关键路由的变化可以细分为多种类型。例如，路由的质量降低（AS_PATH 变长，属性降级等）；路由的 origin 变化，可能出现未授权传播；路由撤销；路由不可达；等等。其中可能蕴含非常严重的安全事件，通过图形化显示，可以观察关键路由的动态变化，并及时产生告警信息。

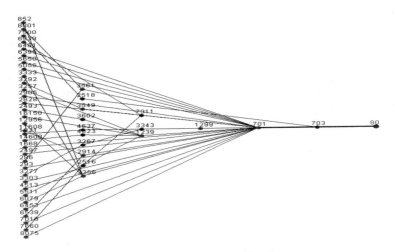

图 8-11　特定 AS 的路由输入图

8.2.3　检测结果分析

（1）压缩效果。我们获取了 AS1221 的连续 10 个时间点的 BGP 路由状态，通过拆分 AS_PATH 属性对 R=⟨network，next_hop， as_path)进行规范化处理，从而实现对表内 AS_PATH 属性的压缩。AS1221 的路由统计结果见表 8-1。

表 8-1　AS1221 的路由统计结果

时刻 t	路由表项数	累积路由表项数	压缩后的表项数	AS_PATH 的投影数
2006013102	177 464	177 464	177 464	28 815
2006013104	177 414	354 878	178 068	28 973
2006013106	177 570	532 448	178 894	29 163
2006013108	177 714	710 162	179 658	29 312
2006013110	177 497	887 876	180 184	29 448
2006013112	177 565	1 065 441	180 997	29 602
2006013114	178 424	1 243 865	182 458	29 688
2006013116	177 503	1 421 368	183 019	29 764
2006013118	177 535	1 598 903	183 407	29849
2006013120	177 517	1 776 420	183 688	29 929

根据表 8-1 的统计结果可以发现，AS_PATH 投影集合的大小远远小于路由表的表项数，由此引起的表内冗余比较大；AS_PATH 的投影数与路由表的表项数对比如图 8-12 所示。

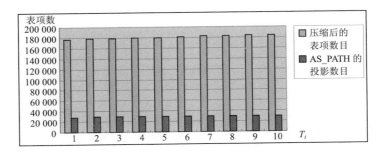

图 8-12　AS_PATH 的投影数与路由表的表项数对比

AS_PATH 的投影集合的大小仅为路由表数的 1/6，AS_PATH 作为一条小值域属性，其冗余度达到了 5/6，同一条 AS_PATH 可能在路由表中出现多次，如图 8-13 所示。

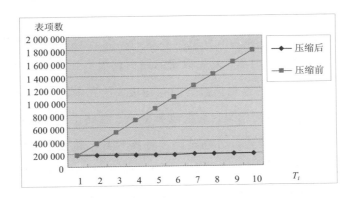

图 8-13　压缩前与压缩后的表项数增长曲线对比

对路由表进行增量式压缩处理，数据库中的路由表项数增长非常缓慢，如图 8-14 所示。

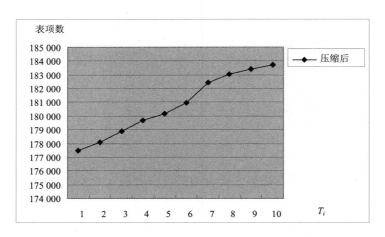

图 8-14　压缩后的表项数增长曲线

路由的相对稳定性使得路由状态的改变符合时间局部性原理，从 t_i 时刻到 t_{i+1} 时刻，发生改变的路由表项不到路由表项总数的 1%，各个时刻的路由信息之间存在极大的冗余。

（2）单视图检测结果。选取较典型的 5 种路由中可能存在的不合理现象进行检查，分别是路由环路异常、路径中存在连续重复的 AS 号、层次关系异常、网络地址私有、AS_PATH 中出现无序部分的情形。对七个自治域系统路由数据中的前 20 000 条记录进行检查，得到 5 种异常检测结果见表 8-2。

表 8-2　5 种异常检测结果

自治系统	路由环路异常	路径中存在连续重复的 AS 号	层次关系异常	网络地址私有	聚合路由
AS1221	0	2007	1	0	6
AS1239	0	2513	0	0	5
AS2914	0	3796	2	0	4
AS3257	0	2400	4	0	6
AS3356	0	2214	0	0	6
AS6461	0	2071	0	0	6
AS7018	0	1904	1	0	6

由表 8-2 可以看出，对路由系统路由功能的正确性有较大危害的路由环路、私有网络都没有出现，路径中出现连续重复的 AS 号会影响路由系统的性能，增加报文信息量，从而也验证了 BGP 协议是基于策略的。AS_PATH 中出现无序部分及违反层次关系严格意义上讲不属于路由异常，其具有的统计意义更明显。

单视图不仅实现了异常检测功能，并且还实现了对层次关系理论的验证。单视图检测中极少出现违反层次关系的路由，说明路由确实符合层次关系理论，由于路由协议中没有作出类似的规定，类似深层次的特性需要从统计的角度予以发现，单视图检测为大量路由数据的特征统计提供了一个平台。

（3）多视图检测结果。对 AS1221、AS1239、AS2914、AS3257、AS3356、AS6461、AS7018 的路由视图中网络前缀从 3.0.0.0 至 61.233.1.0/24 之间的所有路由项进行多视图检查。由于是基于 Route Views 的路由表分离出其他被检测自治域系统的路由表，状态标记在路由传播到 Route Views 的 BGP 路由器时已经发生了改变，因此对状态标记的检测意义不大。算法就是基于拓扑结构和状态标记的异常检测，多视图检测结果见表 8-3。

表 8-3　多视图检测结果

自治系统	拓扑异常	状态非最优	MOAS 冲突	检查记录数	异常总数
AS1221	1	941	35	10 069	942
AS1239	1	814	33	9948	815
AS2914	2	2091	70	19 920	2093
AS3257	0	1346	35	10 015	1346
AS3356	1	693	35	9922	694
AS6461	1	831	35	10 011	832
AS7018	0	389	36	10 000	389

（4）基于网络拓扑结构异常检测的结果分析。从数据库中查找到对应 KEY_ID 的路由项（见表 8-4 所列的发生拓扑异常的路由），AS2914 中出现有两条拓扑异常的路由，只列出第一条是因为第二条路由和第一条路由只是由于下一跳的不同而出现。

表 8-4　发生拓扑异常的路由

出现拓扑异常的 AS	网络前缀	AS_PATH	STATE
AS1221	32.224.0.0/12	1221 4637 701 7018 2687	*i
AS1239	32.224.0.0/12	1239 7018 2687	*?
AS2914	32.224.0.0/12	2914 7018 2687	*i
AS3356	32.224.0.0/12	3356 7018 2687	*>i
AS6461	32.224.0.0/12	6461 7018 2687	*i

从表 8-4 可以看出，这 5 条基于拓扑结构发现的异常在 AS_PATH 中都含有 AS7018。在 AS7018 的视图中查询，发现其中没有网络前缀的 32.224.0.0/12 7018 2687 的路由项，从而证实了多视图检测基于拓扑结构的异常检测能力。

（5）基于路由状态的异常检测结果分析。基于路由状态的检测用于如下情形的路由异常检测：监测点 A 的视图中存在关于某网络前缀的路由，AS_PATH 显示该路由从监测点 B 得到，但 B 的路由视图中显示该路由在 B 中非最优的，那么该路由事实上是不应该被发布出去的，则判定存在路由状态的异常。

由于参与运算的不是真实路由表的数据，其状态字段的意义并不确定。因此，进行状态字段意义的检测只是为了证实本检测引擎的检测能力，实际情况中，基于路由状态的异常检测不会存在如此多的异常。

（6）MOAS 冲突检测的结果分析。多视图检测中的 MOAS
冲突检测在所有检测项目中效果最为明显，也是检测引擎能力
的重要体现。通过对 AS1221、AS1239、AS2914、AS3257、AS3356、
AS6461、AS7018 七个路由视图中被标记为 MOAS 冲突的路由
项的观察，发现这些异常的路由项和本视图里其他路由信息是
不冲突的，由此验证了多视图检测在发现 MOAS 冲突方面的特
殊能力。

由图 8-15 可以看出，每个参与检查的自治域系统中的 MOAS
所占参与检查记录数的比例都维持在一个比较稳定的水平，约
为 0.35%。严格意义上讲，MOAS 冲突算不上是路由异常，但在
进行对 Internet 特性研究时，可能会带来一定的干扰，并且，也
有可能干扰正常的路由行为。由检测结果可以看出，MOAS 在
网络上是普遍存在的，值得网络管理员关注。

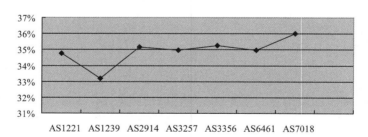

图 8-15 发生 MOAS 冲突的记录数占检测总数的百分比

从检测效果来看，单视图检测的效果不是很理想，发现的异

常不是很多。多视图检测中的效果比较好，对 MOAS 冲突和基于网络拓扑结构、路由状态检查的路由不一致有很强的发现能力。单视图检测的效果不很明显是由于单视图检测中发生的异常如路由环路等都会严重地影响路由系统的正常工作，多视图中发生的 MOAS 冲突等对路由系统的影响稍小，路由系统的状态良好。此外，单视图检测的能力相对多视图检测能力弱，这也从侧面证实了多视图检测的优势所在。

§8.3　Internet 层次特性分析

8.3.1　实　验　结　果

为了刻画 Internet 层次特性及其演化规律，我们从文献[22]中取了 2001 年至 2004 年间的路由表快照（选取时间点为 2001 年 4 月 19 日 18 时，2002 年 6 月 27 日 16 时，2003 年 10 月 1 日 4 时，2004 年 2 月 23 日 6 时），使用 Internet 层次模型构造的算法推断核心层、转发层及边缘层。表 8-5 展示了 2001 至 2004 年，Internet 各层的自治系统数目分布情况。为了进一步描述层次特征，我们还给出了 2004 年 2 月 23 日 6 时路由快照的具体信息，表 8-6 展示了各个层次及层次之间的连接情况，表 8-7 展示了算法推断出来的核心层中的 13 个自治系统。

表 8-5　　Internet 各层的自治系统数目分布情况

层次	时间			
	2001 年	2002 年	2003 年	2004 年
核心层	13	13	13	13
过渡层	1813	2217	2596	2724
边缘层	9025	11 249	13 430	14 133
总数	10 851	13 479	16 039	16 870

表 8-6　　各个层次及层次之间的连接情况

	核心层	转发层	边缘层
核心层	78	2992	8374
转发层	2992	7310	17 699
边缘层	8374	17 699	0

表 8-7　　核心层中的 13 个自治系统

AS 号	ISP 名称	AS 号	ISP 名称
701	UUNet	1239	SprintLink
7018	AT&T	209	Qwest
3356	Level3	3549	GlobalCrossing
2914	Verio	3561	Cable&Wireless
6461	Metro media	3303	Swisscom?
2828	XO	8075	Microsoft?
293	Esnet?		

注：表 8-7 中的问号表示，对于标记的这些自治系统是否属于核心层并不肯定。

8.3.2   结 果 分 析

从表 8-7 我们可以发现，这些自治系统都属于我们所熟悉的大型 ISP，如 UUNet、AT&T 和 Level3 等，这说明该推断算法的确非常有效。从前面的内容可认识到 Internet 结构及其演化的几个特点。

（1）Internet 依然持续增长。自治系统数从 2001 到 2004 年间增长了 55%，转发层增长了 50%，而边缘层则增长了 56%。

（2）忽略核心层自治系统数目，转发层和边缘层比例基本稳定，转发层占 16% 以上，而边缘层占 80% 以上。

（3）核心层自治系统的数目虽少，但互联密度最高；而且还与其他两个层次存在大量连接。

（4）转发层中的互联情况最为复杂，其也同核心层和边缘层存在大量连接。

（5）边缘层中自治系统之间的互联度为 0（这是由它们的特点所决定）；从连接情况看，大多数自治系统存在多个提供者，平均约 1.8。

注意到，边缘层中的自治系统间的互联为 0，但并不表示它们之间在实际中不存在连接。例如，图 3-5 中 AS3 和 AS4 及 AS5 和 AS6 之间的对等边，若以 AS1 为观察点则看不到它们，也就

是说低层次自治系统间的对等边对高层不可见（同层次，其他自治系统间的对等边也是这样）。从这点也可以看出，要得到 Internet 中所有自治系统间的商业关系非常困难。

§8.4 环形异常路由分析

本小节详细分析了 BGP 路由表中的一种异常路由——AS_PATH 中存在自治系统环的路由，并对其产生的原因、传播的条件及对 Internet 连通性的影响等问题进行了讨论。

在本小节中，我们关注 Route Views 的 BGP 路由表中路由环现象。避免路由环是 BGP 系统必须遵守的基本规则之一，违背了该规则会给 Internet 连通性带来严重影响。因为 BGP 本身存在着简单有效的路由循环避免机制，所以人们普遍认为域间路由系统中不会出现路由环。然而，在研究中发现，BGP 路由表中存在路由环；令人吃惊的是，路由环的绝对数目并不少，并且有的还是最优路由。实验分析表明 Route Views 路由表中大约有 2800~3900 多条路由存在环路，这促使我们对其进行进一步研究。

通过分析 Route Views 从 2003 年 11 月 1 日至 2003 年 11 月 16 日的所有有效 BGP 路由表（路由表文件 ≥ 9 M），思索以下三个问题。

（1）路由环现象发生的频率怎样？

（2）该现象对全球 Internet 连通性的影响有多大？

（3）除错误配置外（误使用 prepend 命令），是否还有什么别的原因？

8.4.1　路由环避免规则与现象描述

1．路由环避免规则

BGP 协议是一种路径向量路由选择协议，其通过建立 BGP 对等会话的路由器间的更新通告来构建路径。因而，AS_PATH 属性是 BGP 最重要的属性之一，它记录了网络可达信息穿越的 Internet 各个域的自治系统号，使用 AS_PATH 路径属性的一个重要目的就是为了消除域间路由系统中的环路。

如图 8-16 所示，一个 BGP 路由器通告的更新报文 p 由网络前缀 p.prefix 和自治系统号列表 p.as-path 两部分组成，即可表示为 $p = (p.prefix, p.as-path) = (D, AS4)$，其中 D 代表要通告的网络。在通告 p 的源 AS4 内 $p.as-path = \varnothing$，则 $p = (D, \varnothing)$。若把 AS4 通告的所有源表示为 O（AS4），那么 $D \in$（AS4）。每当一个 BGP 路由器把更新报文向其邻居通告时，就要把自己的自治系统号加在该更新的自治系统号列表头部，如 AS1 把传给 AS2 的自治系统更新为 p1=（D，AS1　AS4）。而每个 BGP 路由器在收到邻居发来的通告时，首先就判断自己所属的自治系统号是否在其自治系统号列表中，如果存在就扔掉它。例如，p1 通过 AS2 和 AS3 再次传给 AS1 时，更新为（D，AS3 AS2 AS1 AS4），这时 AS1 发现自己的自治系统号已经出现在该更新的自治系统列表中就扔掉它，这样就防止了路由环的出现。

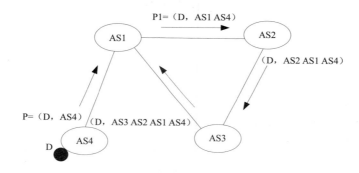

图 8-16　BGP 网络示意图

　　BGP 又是一个基于策略的路由选择协议，为了便于问题的分析，下面利用 BGP 的策略机制把上面的描述形式定义出来。BGP 允许每个自治系统根据自己的情况制定路由策略。每当 BGP 路由器收到邻居发来的一个更新报文 p，其必须根据输入路由策略决定是否使用该报文；如果到 p.prefix 的路径 p.as-path 被选择，则根据输出策略通告给别的邻居。为了简化分析，假设考虑的自治系统中只有一个 BGP 路由器。设两个自治系统 u 和 v，它们间的一个 BGP 会话为 (u, v)；对 v 发给 u 的更新报文集合 P，可表示为 P:$u \leftarrow v$，其中更新报文 $p \in P$；路由器 u 要对更新集 P 应用输入路由策略，则在 u 的输入路由策略作用后的更新集为 P'，那么可表示为 P' = u.import_policy（P:$u \leftarrow v$）。则对于前面叙述的 BGP 本身实现的路由环避免规则可表述如下。

$$IF \quad u \in p.as - path : u \leftarrow v \quad THEN$$
$$u.import\_policy(\{p\} : u \leftarrow v) = \varnothing$$

当然，要使该规则起作用还必须与一个默认的输出规则配合。首先我们介绍一个引理，它能帮助我们推断出这个输出策略，该引理在文献[3]中被证明。

引理：如果自治系统 u_0 收到自治系统 u_1 通告的更新 P:$u_0 \leftarrow u_1$，其中目的网络为 p.prefix，路径为 p.as-path = $(u_1, u_2, u_3, \cdots, u_n)$，则对 $i \in [1, N]$ 有下面结论：

（1）u_i 选择去 p.prefix 的最优路径为 $(u_{i+1}, u_{i+2}, \cdots, u_n)$，即为 u_i.best_select（prefix）.as-path = $(u_{i+1}, u_{i+2}, \cdots, u_n)$；

（2）u_i 通告给了 u_{i-1} 最优路由，即为 u_i.import_policy (P:$u_{i-1} \leftarrow u_i$) $\neq \varnothing$。

根据引理可知，就 v 而言，对于更新 p:$u \leftarrow v$ 到 p.prefix 去的路径 p.as-path 最优。若 v 的路由决策过程为 v.best_select，则其所选的到前缀 prefix 的最优路由为 v.best_select（prefix）。把在 v.best_select（prefix）. as-path 列表后添加自己的自治系统号的动作用 prepend 表示，则输出规则可表述为

p = prepend （ *v*.best_select （ prefix ） .as-path,*v* ）

综合以上分析与说明，我们可得到下面的路由环避免定理。

路由环避免定理：在自治系统图 *G* =（ *V* ， *E* ）中，其中 *V* 表示自治系统的节点集，*E* 表示自治系统间连接的边集。对任意会话 (*u*, *v*)∈*E*，其中 *u*, *v*∈*V*。若是 *v* 向 *u* 通告更新 p:*u*←*v*，则节点 *v* 和 *u* 遵守下面规则。

（1）p=prepend（*v*.best_select（prefix）.as-path,*v*）；

（2） IF *u*∈p.as-path:*u*←*v* THEN *u*.import_policy({p}:*u*←*v*)=∅ 。

则可保证图 *G* 中不会出现路由环。

2. 路由环现象描述

在研究中发现，BGP 实现的循环避免机制似乎并不能完全避免路由环的出现。表 8-8 展示了取自 2003 年 11 月 15 日 16 时路由表中的环形路由数据，到前缀 68.112.56.0/22 的备选路由中就出现了环路。文献[48]也指出发现了 BGP 表中存在路由环。

表 8-8 路由表中的环形路由数据

network	next Hop	path
* 68.112.56.0/22	209.10.12.28	4513 3356 1 i
	209.244.2.115	3356 1 i
	167.142.3.6	5056 1 3356 1 i

图 8-17 展示了一个有代表性的例子。

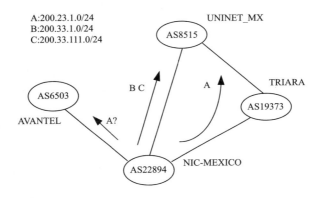

图 8-17　自治系统 22894 出现的路由环实例

图 8-17 中存在 AS22894、AS6503、AS8515 及 AS19373 四个自治系统。根据我们的分析 AS22894 是其他三个自治系统的客户，它们为 AS22894 转发流量。而 AS22894 是三个网络前缀（A、B、C）的源，其对于不同的网络实行不同的策略。网络 B 和 C 的流量通过 AS8151 转发，而网络 A 的流量通过 AS19373 和 AS6503 转发。问题是，AS22894 向 AS6503 通告的最优路由中全都含有环，即为 22894 22894 22849 22894。虽然这里对 AS22894 的网络 A 的连通性似乎没有影响，但有可能造成路由黑洞[1]。

8.4.2 研究路由环的方法

1. 路由环分类

病态路由是指违反了某一规则的路由，如路由环避免规则，而存在环的路由是病态路由的一种。我们把路由环片段定义为在某条 AS-PATH 中非连续地重复出现的最大自治系统路径的片段，路由环模式则是指去掉了路由环片段中连续重复出现的自治系统号后剩下的路由环片段。如自治系统路径（15 23 23 45 45 23）中，（23 23 45 45 23）是一个路由环片段，而对于路由环片段（23 23 45 45 23）、（23 23 45 23）及（23 45 45 23）都具有同一个路由环模式（23 45 23）。需要注意的是，一个模式中出现的各自治系统都有可能导致该模式出现。

为研究路由环及其对 Internet 连通性的影响，我们可以根据路由环在 AS-PATH 中出现的位置对路由模式进行分类，见表 8-9。TYPE-1 是出现在 AS-PATH 尾部的环，如路径 5056 1 3356 1，其中路由环模式 1 3356 1 是 TYPE-1 路由环模式；TYPE-2 则是出现在 AS-PATH 非首部和尾部的环，也就是出现在路径中部位置的环；TYPE-3 则是出现在路径首部的环。

表 8-9　路由环模式分类

类型	路径形式
TYPE-1	A D <u>B C B</u>
TYPE-2	D <u>B C B</u> A
TYPE-3	<u>B C B</u> A D

对于 TYPE-1，在路径中以 A D <u>B C B</u> 的形式出现，显然这样路由通告的前缀属于自治系统 B，即 p.prefix∈O（B）。对于 TYPE-2，在路径中以 D <u>B C B</u> A 的形式出现。而对于 TYPE-3 对观测点到 Internet 的连通性可能有影响。需要注意的是，对 Internet 连通性的影响依观测点而定，如对于 Route Views 路由器（AS6448），其只用于实验并不用于实际的 Internet 流量传递，因此在这样的情况下只影响 AS6448 到 Internet 连通性但对全球 Internet 并没有影响。

2．E-mail 调查

由于各种非技术原因，各 ISP 的技术人员并不愿意把其所管的自治系统出现的问题对外公布；并且路由环问题的出现（如 TYPE-2）会使网络不可达，这会引起管理员的注意而很快得到解决。这些都给我们调查路由环问题带来困难。我们使用两种方法来获得技术人员的 E-mail，以调查可能的原因。一是从

Internet 路由登记处 IRR 得到相关自治系统的技术人员的 E-mail
地址。通过 E-mail 告诉对方存在的异常路由，以及发现的时间；
同时询问是有意还是无意，或人为还是软件实现缺陷等原因造
成。二是从网络工作者论坛上得到 ISP 技术人员的 E-mail 地址，
以询问造成路由环的各种可能原因。文献[34]指出，对于方法一，
由于 IRR 注册信息过时或不完备等原因，只有大约 30%的有回
信。但不管怎样，通过 E-mail 调查以期望得到有价值信息仍不
失为一种可行方法。

8.4.3　实　验　结　果

本节给出了实验结果，考察时间为期半个月（2003 年 11 月
1 日至 16 日），分析的数据为该时间段内的全部有效数据，路由
表选取标准为 BGP 路由表文件≥9 M。为了进一步分析路由环
产生的原因，我们对 2003 年 11 月 15 日 16 时的路由表快照进行
详细研究。

图 8-18 展示了对 BGP 路由表为期半个月的路由环现象的观
测结果。

从图 8-19 中我们可以看到，路由环现象在 BGP 路由表中非
常普遍，基本上在任意观测时间点都能发现路由环。而且存在
环的路由的绝对数目还不少，大多数在 3600～3800 条的范围内，

最多是在 4 日 4 时有 3860 多条，最少则是在 10 日 12 时有 3140
多条。

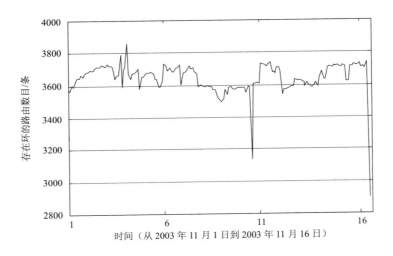

图 8-18　路由环现象的观测结果

而图 8-19 则展示了路由环基于类型的变化情况。我们发现三
种路由环的数目关系为 TYPE-3>TYPE-2>TYPE-1，其中 TYPE-3
的变化曲线和路由环总数的变化曲线很吻合；而 TYPE-2 和
TYPE-1 的变化曲线则很平稳，特别地，它们与 TYPE-3 相比数
目要少得多。

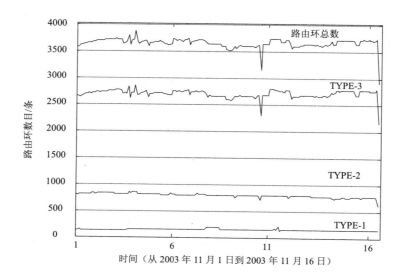

图 8-19   路由环基于类型的变化情况

　　表 8-10 给出了 15 日 16 时的路由表快照中各种路由环模式详细情况的统计。为了研究造成环的各个自治系统在 Internet 层次结构中的位置，我们给出了该 AS 所属的层次[30]，这里直接利用了 SUBRAMANIAN L. 等人关于 Internet 层次结构的研究结果。从表中我们可以看到三个特点：一是路由环模式的数量并不多，只有 10 种；二是各种路由环模式出现的次数相差很大，出现次数最多的为 1 号 2771 次，最少的为 4 号 1 次，其他的出现次数也并不多；三是属于 TYPE-1 且 AS 层次为五的路由环模式出现次数少，估计是由于使用 prepend 命令时的人为失误（typo）造成。

表 8-10　路由环模式详细情况的统计

编号	路由环模式	出现次数	类型	AS 层次
1	8297 6453 8297	2771	TYPE-3	2
2	7927 6505 7927	186	TYPE-2	3
3	1 3356 1	581	TYPE-2	1
4	5563 6699 5563	1	TYPE-2	4
5	766 288 766	53	TYPE-1	4
6	5568 20485 5568	58	TYPE-1	3
7	21287 21278 21287	41	TYPE-1	5
8	22894 22849 22894	9	TYPE-1	5
9	8634 8643 8634 8643 8634	10	TYPE-1	5
10	8643 8634 8643	10	TYPE-1	5

8.4.4　原因及连通性分析

在进行 E-mail 调查前，我们就估计大部分原因是人为失误造成，主要原因有两个：

（1）BGP 本身能有效地避免路由环；

（2）人为对 AS_PATH 属性操作，只有 prepend 命令，而该命令容易出现失误（typo）。

但是，我们还有着两个疑问：

（1）是否还存在造成环的其他原因？

（2）既然路由环会对 Internet 的连通性有影响，那为什么在很长的时间内我们都观察到它们的存在？

1. 原因分析

为了避免主观判断及解决上面的疑问，我们对存在环的路由进行了研究，并对相关的 AS 工作人员进行了 E-mail 调查，最后调查结果见表 8-11。其中"原因（确定）"栏记录了我们从相关管理人员那得到了可靠的答案；而没有得到答复的，则在"推断"栏给出了我们的推断。

表 8-11　环形异常现象的 Email 调查结果

编号	路由环模式	原因（确定）	推断	意图
1	8297 6453 8297	prepend		无意
2	7927 6505 7927		prepend	?
3	1 3356 1	prepend		无意
4	5563 6699 5563		prepend	?
5	766 288 766		prepend	?
6	5568 20485 5568	prepend		无意
7	21287 21278 21287		prepend	?
8	22894 22849 22894	prepend		无意
9	8634 8643 8634 8643 8634	prepend		有意
10	8643 8634 8643	prepend		有意

通过仔细分析可得到如下三个原因。

（1）BGP 系统实现的问题，即没有对路由环实现检测。我们认为这种可能性极小，因为这对 BGP 路由器实现来说是个严重缺陷，特别是在骨干路由器上，我们也确实没有发现该原因引起的事件。

（2）使用 prepend 命令。见表 8-11，除 3 号模式外，我们发现和认为都是 prepend 命令引起（包括有意和无意）。对于 1、6、8、9、10 号模式我们很容易发现是人为失误引起，而且通过 E-mail 也得到了证实。特别是 1 号模式，相关 ISP（teleglobe）工作人员解释，该 ISP 拥有 AS8297 和 AS6453，而与 AS6447（Route Views）进行连接的是 AS6453，在使用 prepend 命令时误使用了 AS8297。对于 8 号模式也是如此。而对于没有得到答复的 2、4、5、7 号模式我们估计也是由于该原因。因此我们肯定造成环的直接原因就是错误使用了该命令。值得注意的是，有些是 ISP 工作人员故意的，通过 E-mail 调查发现是他们的管理水平不高所致，如 9、10 号。

（3）BGP 协议规范的问题。人们常常忽视这个原因，认为 BGP 作为一个应用广泛并经历了多年考验的协议，在定义上应该是完备的。根据路由环避免规则的形式定义可知，若所有 BGP 协议遵守该定义是可以保证域间路由系统中不会出现环，但是该规则只是规定某 BGP 实体自己不应该造成环出现，并没有定义若已经出现了环路该如何处理。因而，不同的实现进行不同的处理，但绝大多数是不进行处理（减少处理开销），这也就是环形路由会传播的原因。

2. 连通性分析

通过 E-mail 调查，我们发现许多 ISP 工作人员对该问题并不在意。显然，他们的连通性并没有因此受到影响。通过分析我们发现 BGP 路由表中出现了路由环的确是个问题，但从 Route Views 的 BGP 路由表中看到的环现象却对 Internet 的连通性影响不大，原因如下。

（1）由于 ISP 普遍通过多穴主（multi-homing）进行负载平衡或链路备份，其中使用的技术之一就是 prepend。因而使用 prepend 的目的就是使该条路由的级别降低，让入口流量通过另一条路由，所以失误使用 prepend 会使该条路由不可达。在一般情况下对连通性的影响难以发现（特别是对于 TYPE-1 而言），有的时候还表现正常，但可能引起黑洞[1]。

（2）Route Views 的路由服务器其实只是一个采集器，不影响全球路由。从 AS6447 看到的问题在 Internet 上可能并不存在，如路由环现象中 TYPE-3 模式。

（3）从不同角度看到的 Internet 视图都是不同的（这还可以从 AS 间的商业关系来解释），所以在某点看到的现象对其他位置并不可见；特别是实际的运行平面和 BGP 平面有时还可能不一致，以至从 BGP 表中看到的问题在实际中可能并不存在。如我们在 BGP 平面观察到路由环现象，与实际运行平面的路由环不同，其主要是由人为失误直接造成。

§8.5　本　章　小　结

本节深入分析了 BGP 路由表中的路由环现象。证实 prepend 命令是造成 BGP 路由表中路由环的技术因素，BGP 定义的不完备是使得路由环传播的原因，并且分析了 BGP 路由表中的环对 Internet 连通性的影响。研究发现，尽管在实际中该现象对连通性影响不大，但会带来难以预料的问题。我们认为该研究还有着下面几个重要意义。

（1）帮助 ISP 认识错误使用 prepend 命令带来的问题，同时改善运行。

（2）有助于提高相关基于 BGP 表的研究结果的准确性。目前基于 BGP 表的相关研究都没有考虑 BGP 表中路由环这个干扰因素，如果剔除存在环的路由，我们认为结果要更准确些。

（3）加深了我们对 Internet 行为的理解。即从不同视角观察 Internet 是不同的，以及实际运行平面和 BGP 平面也存在着不一致。

（4）谨慎对待 Route Views 数据。因为从 AS6447 观测到的现象可能在 Internet 上并不会出现，并且也有可能出现在 Internet 上的现象从 AS6447 观测不到。

第九章

总结和未来展望

本书从监测域间路由的角度，努力解决如何确保 Internet 安全和健康发展这一课题。我们总结了前人在域间路由监测和 Internet 系统结构方向的研究成果，建立了监测域间路由的系统模型，探索该模型下的关键技术，取得了一系列重要成果，为进一步的研究工作奠定了基础。

§9.1　成果与创新

本书全面深入地综述了关于 Internet 域间路由安全的研究，分析了当前域间路由监测系统的不足，认为监测域间路由与异常路由检测是一项值得研究的课题。本书建立了监测域间路由的系统模型，并对其中的两项关键技术（ISP 商业互联关系模型的构造和 Internet 层次关系模型的构造）展开研究。本书完成的工作有以下创新之处。

（1）提出了一种监测域间路由的系统模型。该模型基于 BGP 路由表监测或 BGP 报文更新监测两种技术之上，能利用 Internet 拓扑特性来检测异常路由，从而达到监测域间路由系统的目的。在此基础上，实现了一个域间路由监测系统原型 ISP-HEALTH，并把它用于域间路由监测和异常路由检测。

（2）研究了几种基本的 ISP 商业互联关系及这个关系模型的

构造问题，提出了一种 ISP 商业互联关系模型的构造算法，并把该算法用于域间路由监测系统 ISP-HEALTH 中。与其他相关算法相比，本算法基于多视图且时间复杂度低。

（3）研究了 Internet 的层次模型构造技术。提出了一种可扩展的 Internet 三级层次模型，并给出该模型的构造算法。不仅使用本算法对 Internet 的层次特性进行了研究，还把本算法用于域间路由监测系统 ISP-HEALTH 中。

（4）给出域间路由监测系统的详细设计方案，并实现了一个域间路由监测系统原型——ISP-HEALTH。

（5）对 BGP 路由表中的环形异常路由进行深入研究，指出其产生的主要原因是管理员错误使用 prepend 命令，传播的原因是 BGP 协议没有定义如何处理环形异常路由，由于负载平衡、链路备份等因素使得其对 Internet 的连通性影响并不大。

§9.2　未　来　展　望

由于课题工作量和时间的关系，本书的工作还不完善，未来的研究工作还需要进一步扩展和深入。

以后还将在以下几个方面进一步开展研究。

（1）ISP 商业互联关系模型的构造算法。推断 ISP 商业互联关系是一个很值得研究的课题，对 Internet 的研究和发展有着重要的理论和实际意义。本书提出了一种构造算法，但该算法的有效性和准确性还没有进一分析，并且和其他算法也没有进行比较。我们将进一步研究该算法的有效性和准确性，并需要建立一个推断 ISP 商业互联关系算法的评价体系。

（2）Internet 层次关系模型的构造。在本书中提出了一个 Internet 层次关系模型及其构造算法，但该模型是一个可扩展的模型，如何对模型中的第二层进行进一步构造是下一步需要研究的问题。

（3）ISP-HEALTH 监测系统。在本书中建立的 ISP-HEALTH 系统还只是一个系统原型，我们将进一步把 ISP-HEALTH 系统建立成一个完整、实用的域间路由监测系统。

（4）对域间异常路由的研究。对域间异常路由的进行研究有两个方向，一是发现并定义更多的异常路由，二是如何在 BGP 路由数据中检测出这些异常路由的检测技术。

（5）对自治系统拓扑的研究。这包含两个方向，一个是关于域间路由拓扑的可视化研究，另一个是关于自治系统拓扑特性的研究。

参 考 文 献

[1]HALABI B. Internet routing architectures[M]. 2rd ed. Cisco Press, 2001.

[2]REKHTER Y, LI T. A border gateway protocol. RFC 1771 (BGP version 4), 1995.

[3]MISEL S A. Wow, AS7007! NANOG mail archives. http://www.merit.edu/mail.archives/nanog/1997-04/msg00340.html.

[4]COWIE J, OGIELSKI A, PREMORE B, YUAN Y. Global routing instabilities during code red II and nimda worm propagation. http://www.renesys.com/projects/bgp_instability.

[5]LILJENSTAM M, et al. BGP instabilities and worms: data to models. 2002.

[6]IRPAS-Internetwork routing protocol attack suite. http://www.phenoelit.de/irpas/.

[7]Barry Raveendran Greene. BGPv4 security risk assessment. http://www.cisco.com/public/cons/isp/essentials/, 2002, 6.

[8]REKHTER Y, et al. Multiprotocol extensions for BGP-4.

RFC 2858, 2000, 6.

[9]HEFFERNAN A. Protection of BGP sessions via the TCP MD5 signature option. RFC2385, 1998, 8.

[10]GILL V, et al. The BGP TTL security hack (BTSH). draft-gill-btsh-01.txt, 2002, 12.

[11]URL ftp://ftp-eng.cisco.com/sobgp/index.htm.

[12]Meeting notes from S-BGP oregon workshop. http:// www. net-tech.bbn.com/sbgp/021030.OregonWorkshopNotes.html, 2002, 10.

[13]JAMES NG. Extensions to BGP to support secure origin BGP (soBGP). draft-ng-sobgp-bgp-extensions-01.txt, 2002, 11.

[14]DE CLERCQ J, et al. Connecting IPv6 islands across IPv4 clouds with BGP. draft-ooms-v6ops-bgp-tunnel-00.txt, 2002, 10.

[15]SENVIRATHNE T. Identification of IPv6 routes that need tunneling-use of BGP extended community attribute. Draft-tsenevir-ipv6-bgp-tun-00.txt, 2002, 6.

[16]GEOFF HUSTON. NOPEER community for BGP route scope control. Draft-ietf-ptomaine-nopeer-02.txt, 2003, 2.

[17]SPRING N, MAHAJAN R, WETHERALL D. Measuring

ISP topologies with rocketfuel[C]. SIGCOMM, 2002.

[18]ZHUO Q, MORLEY M, JENNIFER R, WANG J, RANDY H, KATZ. Towards an accurate as-level traceroute tool[C]. SIGCOMM, 2003.

[19]SIAMWALLA R, SHARMA R, KESHAV S. Discovering internet topology[C], IEEE INFOCOM, 1999.

[20]CHANG H, GOVINDAN R, JAMIN S, SHENKER S, WILLINGER W. Towards capturing representative as-level internet topologies[C], ACM, 2002.

[21]MEYER D. Route Views project. http://www.routeviews. org/.

[22]http://archive.routeviews.org/oix-route-views/.

[23]RIPE RIS project. URL http://data.ris.ripe.net.

[24]Cernet bgp view project. URL http://bgpview.6test.edu.cn.

[25]徐恪, 熊勇强, 吴建平. 边界网关协议 BGP-4 的安全扩展[J]. 电子学报, 2002(2): 271-273.

[26]KRUEGEL C, MUTZ D, ROBERTSON S, et al. Topology-based detection of anomalous BGP messages[A]. In 6th Symposium on Recent Advances in Intrusion Detection (RAID)[C]. USA, 2003: 17-35.

[27]RENESYS CORP. Real time monitoring of global internet routing [EB/OL]. http://www.renesys.com/services.html.

[28]CHANG H, GOVINDAN R, JAMIN S, et al. On Inferring as-level connectivity from BGP routing tables[R]. Tech. Rep. UM-CSE-TR- 454-02, University of Michigan, 2002.

[29]GE Z, FIGUEIREDO D, JAIWAL S, et al. On the hierarchical structure of the logical Internet graph[A]. Proceedings of SPIE ITCOM[C]. USA, 2001, 8.

[30]SUBRAMANIAN L, AGARWAL S, REXFORD J, et al. Characterizing the Internet hierarchy from multiple vantage points [A]. Proceedings of IEEE Infocom[C].New York, USA, 2002: 594-604.

[31]ZHU P D, LIU X. An efficient algorithm to infer the internet hierarchy[A]. Advances on computer architecture, ACA'04[C]. Jinan, 2004. 358-361.

[32]GAO L. On inferring autonomous system relationships in the Internet[J]. IEEE/ACM Transactions on Networking, 2000, 9 (6): 733-745.

[33]BATTISTA G, PATRIGNANI M, PIZZONIA M. Computing the types of the relationships between autonomous systems[A].

Proceedings of IEEE Infocom[C]. California, USA, 2003.

[34]MAHAJAN R, et al. Understanding BGP misconfiguration [C]. ACM SIGCOMM' 2002.

[35]JUNOS Strict ISP Prefix Filter Template. http://www. qorbit.net/documents/junos-bgp-template.pdf.

[36]WANG, GAO L. Inferring and characterizing internet routing policies[C]. ACM SIGCOMM Internet Measurement Conference, 2003.

[37]HUSTON G. IPv4-How long have we got? The ISP Column, 2003.

[38]KONG H. The consistency verification of zebra BGP data collection[J], RIPE, 2003.

[39]BUSH R, GRIFFIN T, MORLEY MAO Z. Route flap damping: harmful?[R]. NANOG 25, 2002, 10.

[40]HUSTON G. BGP '01: An Examination of the Internet's BGP Table Behaviour in 2001, Telstra. Presentation to Internet2 Joint Techs Workshop, 2002.

[41]CHEN Q, CHANG H, GOVINDAN R, JAMIN S, SHENKER S, WILLINGER W. The origin of power laws in internet topologies revisited, to appear in Proceedings of IEEE

Infocom 2002, New York, June 23-27, 2002.

[42]BROIDO A, CLAFFY KC. Analysis of RouteViews BGP data: policy atoms, Cooperative Association for Internet Data Analysis-CAIDA, San Diego Supercomputer Center, University of California, San Diego. Proceedings of network-related data management (NRDM) workshop Santa Barbara, 2001.

[43]TANGMUNARUNKIT H, GOVINDAN R, SHENKER S, ESTRIN D. The Impact of Routing Policy on Internet Paths. 2001.

[44]LABOVITZ C, AHUJA A, BOSE A. Delayed Internet routing convergence[J], SIGCOMM 2000.

[45]HUSTON G. Interconnection, peering and settlements. In Proceedings of the 9th Annual Conference on the Internet Society, 1999.

[46]ALAETTINOGLU C. Scalable router configuration for the Internet[C]. In Proc. IEEE IC3N, 1996.

[47]Norton, W.B. (2000). Internet service providers and peering. Available on request from: http://www.equinix,com/press/whtppr.htm.

[48]BROIDO A, NEMETH E, CLAFFY K. Internet expansion, refinement and churn. European Transactions on Telecommunications,

2002.

[49]Public route server and looking glass list. http://www. traceroute.org/.

[50]GEOFF H. Analyzing the internet's BGP routing Table[J]. The Internet Protocol Journal, 2001, 4. http:// www.telstra. net/ gih/papers/ipj/4-1-bgp.pdf.

[51]HUFFAKER B, BROIDO A, Claffy K, FOMENKOV M, KEYS K, LAGACHE E, MOORE D. Skitter AS internet graph, 2000, 10. http:// www.caida.org/analysis/topology/as_core_network/.

[52]REKHTER Y, MOSKOWITZ B, KARRENBERG D, DE GROOT G J, LEAR E. Address allocation for private internets, RFC1918. 1996.

[53]TANGMUNARUNKIT H, et al. Does AS size determine degree in AS topology? ACM Computer Communication Review, 2001.

[54]TANGMUNARUNKIT H, GOVINDAN R, SHENKER S. Internet path inflation due to policy routing. In SPIE ITCom, 2001.

[55]SUBRAMANIAN L, PADMANABHAN V N, KATZ R H. Geographic properties of Internet routing. In USENIX Annual Technical Conference, 2002.

互联网 BGP
路由系统安全监测技术

[56]PAXSON V. End-to-end routing behavior in the Internet[C]. In ACM SIGCOMM, 1997.

[57]GAREY M R, JOHNSON D S. Computers and intractability: a Guide to the theory of NP-completeness. W. H. Freeman, New York, NY, 1979.

[58]GOVINDAN R, REDDY A. An Analysis of Internet inter-domain topology and route stability[C]. In Proc. IEEE INFOCOM '97, 1997, 3.

[59] ALAETTINOGLU C, BATES T, GERICH E, KARRENBERG D, MEYER D, TERPSTRA M, VILLAMIZAR C. Routing policy specification language (RPSL). Request for Comments 2280, Internic Directory Services, 1998.

[60]LABOVITZ C, AHUJA A, WATTENHOFER R, VENK-ATACHARY S. The impact of internet policy and topology on delayed routing convergence[C]. Proc. of INFOCOM, 2001.

[61]Steve Oualline. C 程序员精通 Perl[M]. 周良忠译. 北京: 人民邮电出版社, 2003.

[62]寇贝斯等. Perl 高级开发[M]. 胡敏, 等译. 北京: 机械工业出版社, 2002.

[63]Martin C. Brown. Perl 参考大全[M]. 2 版. 顾凯, 等译.

北京: 人民邮电出版社, 2002.

[64]CHEN E, STEWART J. RFC 2519: A framework for interdomain route aggregation. 1999.

[65]GOVINDAN R, ALAETTINOGLU C, EDDY G, KESSENS D, KUMAR S, LEE W. An architecture for stable, analyzable Internet routing[J]. IEEE Network Magazine, 1999.

[66]VARADHAN K, GOVINDAN R, ESTRIN D. Persistent route oscillations in inter-domain routing. Computer Networks, 2000, 32 (1): 1-16. [Online]. Available:http://www.elsevier.com/locate/comnet.

[67]LABOVITZ C, AHUJA A, ABOSE A, JAHANIAN F. An experimental study of delayed internet routing convergence. Stockholm, Sweden, 2000, 8. http://www.acm.org/sigcomm/sigcomm 2000/conf/ paper/sigcomm2000-5-2.pdf.

[68]GAO L, Rexford J. Stable internet routing without global coordination. In Proceedings of ACM/SIGMETRICS, 2000: 307-317. http://citeseer.nj.nec.com/gao00stable.html.

[69]GAO L, REXFORD J. Inherently safe backup routing with BGP. In Proc. IEEE INFOCOM 2001, 2001, 1: 547-556.

[70]赵邑新, 尹霞, 韩博, 吴建平. 策略路由的基本关系及

其测试[J]. 清华大学学报(自然科学版). 2002, 42 (40): 1414-1418.

[71]白建军. 核心路由器边界网关协议BGP-4实现技术的研究[D]. 北京: 国防科技大学, 2002.

[72]Andrew S. Tanenbaum. 计算机网络[M]. 熊桂喜, 等译. 北京: 清华大学出版社, 1998.

[73]TERRY SLATTERY. Cisco 网络高级 IP 路由技术[M]. 苏金树, 等译. 北京: 机械工业出版社, 1999.

[74]闵应骅. 计算机网络路由研究综述[J]. 计算机学报, 2023, 26 (6).

[75]赵会群, 孙晶, 高远, 王光兴. 一种改进的 BGP 路由策略冲突检测方案[J]. 通讯学报, 2002, 23 (7).

附录 缩略语表

英文缩写	英文全称	中文解释
AS	Autonomous System	自治系统
ASN	Autonomous System Number	自治系统号码
AUP	Acceptable Usage Policy	使用许可协议
ARPA	Advanced Research Projects Agency	美国国防部高级研究计划署
BGP	Border Gateway Protocol	边界网关协议
BCP	Best Current Practice	最佳当前实践
CIX	Commercial Internet eXchange	商业互联网交换点
CIDR	Classless Inter-Domain Routing	无类别域间路由
CAIDA	Cooperative Association for Internet Data Analysis	互联网数据分析合作组织
EGP	External Gateway Protocol	外部网关协议
FIX	Federal Internet eXchange	联邦互联网交换点
IETF	Internet Engineering Task Force	互联网工程任务组
IGP	Internal Gateway Protocol	内部网关协议
ISP	Internet Service Provider	互联网服务提供商
IRR	Internet Routing Registry	互联网路由登记处
IDR	Inter-domain routing	域间路由

互联网 BGP
路由系统安全监测技术

（续表）

英文缩写	英文全称	中文解释
TCP	Transmission Control Protocol	传输控制协议
MIB	Management Information Base	管理信息库
NLANR	National Laboratory for Applied Network Research	美国国家网络研究实验室
NAP	Network Access Points	网络访问点
OSPF	Open Shortest Path First	开放式最短路径优先
POP	Points of Presence	汇接点
RIP	Routing Information Protocol	路由信息协议
RIS	Routing Information Service	路由信息服务
SNMP	Simple Network Management Protocol	简单网络管理协议